于 静 ◎ 主编

给孩子的

财商
养成课

钱从哪里来

黑龙江科学技术出版社
HEILONGJIANG SCIENCE AND TECHNOLOGY PRESS

图书在版编目（CIP）数据

给孩子的财商养成课．钱从哪里来 / 于静主编．--
哈尔滨：黑龙江科学技术出版社，2024.5
　　ISBN 978-7-5719-2376-1

　　Ⅰ．①给… Ⅱ．①于… Ⅲ．①理财观念－少儿读物
Ⅳ．① F275.1-49

　　中国国家版本馆 CIP 数据核字（2024）第 079221 号

给孩子的财商养成课． 钱从哪里来
GEI HAIZI DE CAISHANG YANGCHENG KE . QIAN CONG NALI LAI

于静　主编

项目总监	薛方闻	
责任编辑	李　聪	
插　　画	上上设计	
排　　版	文贤阁	
出　　版	黑龙江科学技术出版社	
	地址：哈尔滨市南岗区公安街 70-2 号　邮编：150007	
	电话：（0451）53642106　传真：（0451）53642143	
	网址：www.lkcbs.cn	
发　　行	全国新华书店	
印　　刷	天津泰宇印务有限公司	
开　　本	710 mm×1000 mm 1/16	
印　　张	4	
字　　数	41 千字	
版　　次	2024 年 5 月第 1 版	
印　　次	2024 年 5 月第 1 次印刷	
书　　号	ISBN 978-7-5719-2376-1	
定　　价	128.00 元（全 6 册）	

给孩子们的一封信

在一个人的成长之路上，智商和情商十分重要，财商也不能被忽略。财商，简单地说就是理财能力。人的一生处处离不开金钱，想要拥有辉煌人生，就需要正确认识金钱，理性进行消费和投资。这些在经济社会中必须具备的能力不是天生的，而是需要进行后天的学习。

如果不从小培养财商，就会在童年这个最容易塑造自身能力的时期"掉队"，长大后再想弥补，往往可能事倍功半。所以，只有在少年时期就学会与金钱打交道，才能在未来更好地创造财富、驾驭财富，成为金钱的主人。

为了响应素质教育的号召，培养智商、情商与财商全面发展的新时代少年，我们编著了"给孩子的财商养成课"丛书。在这套丛书中，小读者可以了解货币的起源，认识到钱来之不易，懂得理性消费、有计划花钱的重要性，同时还可以对赚钱、投资等进行一次"超前演练"。此外，对金融体系的核心机构——银行，以及一些重要的国际金融理念，这套丛书也进行了一些简要的介绍。整套丛书图文并茂，注重理论与生活实践相结合，力图全方位提升小读者的财商。

还等什么，赶紧翻开这套丛书，开启一段"财商之旅"吧。

目 录 CONTENTS

钱被发明出来前，人们这样"买东西"

　　一天傍晚，花铃听到"砰砰"的敲门声，透过猫眼儿她看到是隔壁的李阿姨，就打开门问道："李阿姨，您有什么事儿吗？"

　　李阿姨说："刚才我在窗口看到你妈妈从老家拿回来不少黄桃，很想尝一尝。这是我前几天从老家带回来的核桃，想跟你们换几个黄桃。"

　　妈妈闻声走过来，热情地从冰箱里拿出了七八个黄桃，放进食品袋中给了李阿姨。李阿姨高兴地放下一袋子核桃，拎着黄桃走了。妈妈对花铃说："铃铃，你知道吗，在钱还没有诞生的时候，人们需要什么东西，就要拿对方需要的东西去换。这就是以物易物，是我们人类最古老的交易方式。"

以物易物的特点如下:

① 直接交换:双方直接交换货物,不用第三方中介。

② 约定性:以物易物需要双方在交换前达成约定,确定交换的货物和交换的比例。

③ 广泛性:以物易物涉及的货物种类非常广泛,包括粮食、布料、工具、家畜等。

　　以物易物是一种原始而直接的交易方式,它依赖于双方的信任和约定,不同货物的价值很难估算,双方交换时很容易出现分歧或争议。此外,以物易物的交易方式受天气、季节、交通等因素的影响很大。

货币发展的五个阶段

阶段	简介
以物易物	这一阶段还没有出现货币，但物物交换过程中出现了一般等价物的雏形。
金银条块	以物易物满足不了日常所需后，货币诞生了。但是，贝币等有天然缺陷，于是人们发现了金银的特殊价值，开始以简单的金银条块作为货币。
铸币	随着生产力的发展，人们开始铸造金属货币，主要是铜币。
纸币	金属货币不便于携带，于是纸币诞生了，并与金属货币一起使用到今天。
电子货币	信息化时代，货币开始虚拟化，电子货币的应用日益广泛。

敲重点！我来支招

今天，以物易物的交易方式依然存在，但在交易时要注意以下问题：

1 预先评估交换物品的价值

双方交换物品的价值是很难一致的，因此必须对自己和对方物品的价值有一定的评估，双方都可以接受后再交换，以免后悔。

2 保持诚信和信任

在以物易物的过程中，诚信和信任是非常重要的，双方需要遵守约定、诚实守信。

3 确保交换物品的质量

在以物易物时，需要确保交换物品的质量与约定的一致，如果有损坏，需要事先说明，避免引发纠纷。

古人曾经用**贝壳**来**买东西**吗

    暑假来了，东东和妈妈到海边去玩。他光着脚在沙滩上跑来跑去，别提多高兴了。

    跑着跑着，东东感觉踩到了什么东西。他在沙子里挖啊挖，挖出一个贝壳。那是一个黄色的贝壳，颜色鲜艳极了，贝壳的背后还有一条长长的齿槽。东东越看越喜欢，于是将贝壳拿给妈妈看。

    妈妈接过贝壳看了看，笑着说："东东，你太厉害了，你捡到钱了！"东东说："哪里有钱？"妈妈说："其实，在古代，贝壳就是钱，是能用来买东西的。"东东将信将疑，妈妈就给他讲了什么是贝币，东东这才恍然大悟。

你必须要知道的！

1 有研究者认为，我国商朝统治者的始祖生活在海边，喜欢用贝壳做装饰品。后来，他们迁到中原地区生活，还是怀念海贝，于是选择用海贝来当货币。

2 也有研究者认为，古人将贝壳视为多子多福的象征，寓意吉祥。

3 古代内陆地区海贝非常罕见，外观漂亮的海贝更是稀缺，深受人们喜爱。

肉铺

　　在经历一段漫长的以物易物的时代后，人们终于无法忍受其不稳定性和局限性，于是开始寻找一种交换双方都能接受的物品，叫作"一般等价物"，能够用来衡量其他一切商品的价值，这就是原始的货币。贝币就是原始货币之一，在东周以后逐渐被金属货币取代。

贝币的一些优势

　　根据史料记载，农具、牛羊等都曾做过一般等价物。但是，它们都不便于携带，而且也容易随着时间的流逝失去一部分价值。因而，人们选择了一些广受喜爱、产量有限的海贝当作一般等价物。

优势	简介
方便保存和携带	小巧玲珑的贝币，在家时可以保存在箱柜中，赶集时可以揣在小袋子里，十分方便。
价值稳定	贝币广受欢迎，且产量有限，价值是很稳定的，不会轻易泛滥或贬值。
不易获得和仿造	贝币来自遥远的海边，很难获得；以当时的技术，几乎是不可能仿造出来的。
方便计数	小小的贝币可以用绳子穿起来，数量较多时也不难计数。
不用拆分	一个贝币的价值较小，不用再拆分。

敲重点！我来支招

贝币有一定的收藏价值，如果家人想要收藏贝币，我们可以给他们提一些小建议：

1 基本特征

贝币往往是颜色鲜艳、质地坚硬的小型贝类，背后通常有长长的齿槽，被称为贝齿。没有这些特征的贝壳，往往不符合贝币的要求。

2 并非均价值高昂

并不是每一类贝币都有较高的价值，只有虎斑宝贝、阿文绶贝等价值较高。

3 仿制贝币

在贝币流行的时代，由于真贝壳不是那么充分，还出现了用兽骨、石头、青铜等仿制的贝币，这些仿制品具有同样的价值。

金子为什么能当钱花

　　对晚晚来说，妈妈的梳妆台就像是一个"藏宝洞"，在那里总是可以看到各种各样的宝贝。而妈妈最珍视的，就是放在一个精致的匣子里的黄澄澄的金戒指、金项链、金镯子。

　　这一天，晚晚好奇地问妈妈："妈妈，你为什么这么喜欢金子啊？"

　　妈妈笑着说："因为金子漂亮，而且能保值。"

　　晚晚更疑惑了："为什么金子能保值呢？"

　　妈妈回答："因为地球上的金子太少了，'物以稀为贵'。古人不仅把金子当首饰，还曾经拿金子当钱花呢！"

1 金子具有明亮的金黄色，非常吸引人的眼球，给人一种高贵、华丽的感觉，惹人喜爱。

2 金子是地球上非常稀有的贵重金属之一。它的产量非常有限，稀缺性使其具有珍贵的价值。

3 金子体积小、价值高、易于分割、不易磨损、便于保存和携带等，非常适合充当货币。

喜欢！！

世界上根本不存在100%的黄金，最纯的黄金中也会含有极少量的铜、银之类的杂质。一般来说，人们把含金量不少于99.0%的黄金称为"足金"，含金量不少于99.9%的黄金称为"千足金"。

历史上出现过的黄金货币

在我国历史上，黄金由于数量稀少，很少作为流通货币在市场上出现。古代主要的流通货币是铜制的。此外，银的储量比黄金多，在明清两朝，银也曾作为流通货币，称为白银。但是，我国历史上也出现过一些黄金货币。

年代	名称	简介
战国时期	郢爰	楚国的货币，是一种刻着铭文的金版，需要切成零碎小块，称量后使用，是我国已知最古老的黄金货币。
汉朝	马蹄金	正面为圆形，背面内凹中空，形如马蹄。一般用作皇帝对大臣的赏赐，不是流通货币。
宋朝	金叶子	用金箔制成，薄如纸，便于携带、剪切，是一种非官方的辅助性货币。
明朝与清朝	金锭	俗称"金元宝"，用来贮藏和赏赐，并不流通。
近代	金条	分为"大黄鱼"（重10两，老秤，一斤等于16两）和"小黄鱼"（重1两），一般不参与流通，需要到银行或钱庄换成银元或纸币才能消费。

敲重点！我来支招

对于普通人来说，黄金是一种重要的收藏品。收藏黄金，要注意的事项很多，我们应该从小就慢慢了解这些知识。

① 黄金是常见投资品

如果爸爸妈妈有多余的钱想进行投资，那么我们可以建议他们投资黄金，但是要提醒他们投资黄金也是有风险的。

② 黄金收藏有讲究

黄金容易变色，所以要将黄金放在阴暗干燥的地方，远离厨房、卫生间等。

③ 选择信誉好的商家进行交易

如果打算回购或出售黄金，应该选择信誉良好的商家，保证黄金的真实性，购买黄金时最好能附带鉴定证书。

圆形方孔的铜钱，为啥用了两千年

　　小拓的爷爷有好几个厚厚的收集册，里面都是各个朝代的货币，爷爷常常打开给小拓讲解。

　　这一天，爷爷又拿出了一本收集册，第一页收藏着一些"小铜铲""小铜刀"。他告诉小拓说："这个是春秋战国时的布币，又叫铲币。你再看这个，像不像一把小刀？这就是春秋战国时的刀币。不过，到后来都统一成圆形方孔钱了。"

　　"为什么呀？"

　　"因为秦始皇统一六国后，他认为货币也要统一起来，就统一成秦国的圆形方孔钱了。这种钱用起来还挺方便，一下子就沿用了两千年。"

你必须要知道的！

1 圆形方孔钱照应了我国古代天圆地方的宇宙观，象征着统治者君临天下。

2 在封建社会，铜是重要的资源，用途是很广泛的。圆形方孔钱体积小、重量轻，用较少的铜就能铸造出更多的钱币，可以节约铜矿资源。

3 布币和刀币等棱角分明，携带起来不方便；而圆形方孔钱用绳子穿起来，携带时既方便又安全。不仅如此，圆形还可以减少流通中的磨损。

货币没有统一之前，一名赵国的商人到齐国去卖布，就要计算一匹值 3 枚铲币的布能值几枚刀币；到楚国去卖布，就要计算一匹布能值几枚蚁鼻钱……如果不了解这些复杂的计算单位，千辛万苦跑了一趟，可能还赔钱呢。可见，统一货币太重要了。

秦朝统一货币的**措施**

秦始皇是一位非常伟大的君主，他结束了战国的纷乱局面，实现了统一，又统一了文字、货币、度量衡等，对后世的影响十分深远。其中，统一货币的措施主要为：

措施	简介
将铸币权收归国有	禁止地方和私人铸币，私自铸币者受重罚。遗憾的是，这个目标一直到汉武帝时才实现。
废除六国货币	从前六国的布币、刀币、圜钱、蚁鼻钱和贝币等统一废除，曾起过货币作用的珍珠、玉、银、锡等不再充当货币。
明确货币的种类	规定全国统一流通货币为黄金与铜钱。其中黄金为上币，主要是上层社会使用的，重量单位是镒（1 镒为 20 两，也有说为 24 两）；铜钱为下币，圆形方孔，重量为半两，写有"半两"二字。

敲重点！我来支招

如果我们有收藏铜钱的兴趣，首先就要考虑它的价值。一般来说，铜钱的价值受以下因素影响：

1 本着"物以稀为贵"的原则，存世量越稀少的铜钱才越值钱。

2 铜钱的价值，很多都依托其在历史上的地位。例如，发行年代较早的铜钱，或者短命王朝发行的铜钱，往往都是珍品，例如明末李自成发行的"永昌通宝"就十分珍贵。

3 一些铜钱艺术价值很高，成为收藏爱好者都想拥有的珍品。例如，北宋时期发行的九叠篆书体"皇宋通宝"，书法反复折叠，文化品位很高，价值惊人。

中国是**纸币的诞生地**

这天晚上，小雨和爸爸正坐在沙发上看电视剧，剧中主人公和他人约定用两千两银子买一座大宅子。只见主人公从衣服里掏出一张纸递给对方，对方看了一下收起来了，这笔交易就完成了。

小雨觉得很奇怪，问爸爸："那张纸是什么啊？"

爸爸说："那是银票，是古人的纸币啊。"

小雨说："一张银票就能值两千两银子吗？那自己画一张岂不是赚大了？"

爸爸回答："纸币可不是那么容易画的。我国作为纸币的诞生地，防伪意识和防伪技术都是很强的。"

你必须要知道的！

1 北宋时期的商业空前繁荣，出现了众多商业城市，商品琳琅满目、商人和顾客络绎不绝。商贸的繁荣，使得北宋政府大量发行铜钱，后来铜矿不够用了，不得不发行铁钱。金属储备有限，是纸币出现的原因之一。

2 商贸的繁荣使得货币交易量剧增，很多交易要用到大量金属货币，携带很不方便。一开始是商人自发地使用纸币，后来北宋政府出面将其正规化，世界上真正意义的最早的纸币——交子诞生了。

从取款凭证演变为 货币

北宋前期，四川地区的商人们嫌金属货币沉重，于是一些大商人联合开办了交子铺。商人们将钱存放在交子铺中，交子铺提供一张写有金额的交子作为取款凭证，商人随时可以用交子兑换钱。大家都觉得这样太方便了，也懒得去兑换钱了，直接用交子来交易，于是交子就成了货币。

古代纸币怎么防伪

使用禁止民间采购的特殊材料制成的纸来制造纸币，例如特殊的楮皮纸。

印制复杂的图案，还有一些特殊的水印，并会用多种颜色进行套印。

古代纸币防伪手段

到了清朝，人们开始在纸币上使用编号来进行防伪。

用严刑峻法威慑造假币者。

19

敲重点！我来支招

① 防伪标识

今天的纸币使用的是不含任何漂白剂的专用纸张，上面有水印、磁性微缩文字和磁条，我们拿来一张人民币仔细观察，就可以看到这些防伪标识。

② 特殊油墨

今天的纸币印刷所用的不是普通油墨，而是采用磁性油墨、荧光油墨和光学变色油墨等来印刷不同的部分。

③ 高端工艺

今天的纸币运用了众多高端精密印刷工艺，如微缩文字、凸印凹印、花纹对接、多色接线印刷、隐形面额数字等。我们抚摸纸币的表面，会发现触感和质感都很特殊。请注意，触摸纸币后，记得洗手哟。

各国货币真有趣

有一天，爸爸给狄娜买回来一本神奇的书，书里讲述了各国货币的故事。狄娜翻开第一页，看到一张墨绿色的货币，货币中央印着一个秃顶的男人。爸爸告诉她这是100美元，货币上印的是美国科学家本杰明·富兰克林。

狄娜还翻出了一张非洲国家的货币，面值为500，正面是两头奶牛，背面则是四个非洲小朋友。爸爸告诉她，这是非洲国家卢旺达的货币。

读完了这本神奇的书，狄娜对世界各国充满了好奇和向往，决定将来亲自去这些国家看看。

你必须要知道的！

1 每个国家都有自己的本国货币，简称本币。

2 美元目前是占主导地位的全球储备货币，在全球的流通量是最大的。

3 人们还能买卖货币进行交易，被称为外汇交易。例如买入美元，卖出欧元，从中赚取差价等。外汇交易需要时刻关注汇率，因此多在网上进行。

货币的材质

世界上绝大多数货币都是纸质的，纤维通常都很坚韧，使用寿命较长。不过，也存在其他材质的货币，例如塑料货币，这种货币不怕水洗、不易污损，使用寿命是非常长的。此外，还出现了半纸半塑料的货币。

世界著名货币简介

名称	使用地区	简介
美元	美国、巴拿马等国家	得益于美国发达的军事、经济、科技等实力，美元是世界贸易和支付的主流货币，其地位短时间内难以动摇。有趣的是，所有面值的美元纸币都一样大。
欧元	德国、法国、意大利等国家	得益于欧洲发达的工业，欧元在世界贸易和支付中的地位仅次于美元。欧洲中央银行曾发行面值为0欧元的纸币，是一种广受收藏家欢迎的旅游纪念币。
英镑	英国	得益于英国发达的金融业，英镑在外汇交易结算中占有非常高的地位。
日元	日本	日元在地区贸易中占优势，在国际贸易中也得到了较高的认可。
澳元	澳大利亚、瑙鲁等国家	澳元是国际金融市场重要的硬通货和投资工具之一。此外，澳元也是最早使用塑料钞的货币。

敲重点！我来支招

① 注意防潮

纸币长期接触水分会变形、发霉乃至损坏。因此，要将纸币存放在干燥的地方，远离水源和潮湿的环境。

② 防止受到暴晒

纸币长时间受到阳光直射，可能导致变色和褪色。因此要将其放在避光的地方。

③ 远离火源和化学物品

纸币易受到火灾和化学物品的损害。请确保纸币不接触易燃物质或有害化学物质。

④ 大额钞票尽量存到银行

大额钞票还是尽量存到银行，放在自己家中难免会出现一些意外。

钱是银行送给我们的吗

涛涛经常陪爸爸妈妈逛商场，无论是买妈妈喜欢的衣服、爸爸喜欢的球鞋，还是买涛涛喜欢的玩具，结账时都是爸爸掏出一张银行卡，在机器上划一下，输入密码之后就可以把商品带走了。

这一天，一家人又逛完商场出来，涛涛突然问爸爸："爸爸，你银行卡里的钱是银行送给我们的吗？"

爸爸笑了笑，然后开始给涛涛解释："不是的，钱不是银行送给我们的。钱是需要我们通过努力工作，为他人提供服务或者生产商品来获得的。银行是一个存储和借贷的地方，我们可以把钱存进银行，获得利息，或者从银行贷款，但是这并不代表钱就是银行送给我们的。"

银行的功能：

1 吸收存款。商业银行会向社会吸收存款，这是维持其生存和运转的基础业务。

2 发放贷款。银行向个人和企业提供一定金额的资金，并根据合同约定收取一定的利息和费用。这是商业银行利润的主要来源。

3 办理结算。商业银行接受客户的委托进行代收代付，即将款项从付款单位的账户划出，转到收款单位的账户中，银行会收取一定的服务费用。

银行的雏形

在银行诞生前，世界很多国家都出现过帮人保管和兑换货币的商铺。后来，这些商铺开始把存款借给其他需要钱的人，收取一定的利息；后来又开始向存款人支付利息，以吸收更多的存款。这样，现代银行的雏形就诞生了。我国古代的钱庄、票号，就具有银行的性质。

三大传统**存款**类型

存款是最基本的金融活动，也是银行资金的重要来源。根据不同的分类方式，存款有多种不同的类型，但总的来说主要包括以下三大传统存款类型。

存款类型	简介
活期存款	可以随时在银行中存入现金，也可以随时用支票转账或提取现金的存款。活期存款不限制存期，但是存款利率一般较低。
定期存款	存入款项时就约定好提取期限的存款。银行会签发定期存单，到期后凭存单支取货款。由于期限是固定的，银行就可以用这些款项进行长期的信贷业务，因此利率要比活期存款高。
储蓄存款	储蓄存款只针对个人开办，与"单位存款"相对。银行会向储户发放存折，是存款和提取的凭证。

敲重点！我来支招

1 准备一个小账本，按日期一笔一笔地登记上我们的零花钱、压岁钱等，然后和父母办一个家庭模拟银行。

2 我们想用钱时，就带上小账本去找爸爸妈妈，拿到钱后，就让他们当面减掉相应数额，并计算出余额；有了新的"收入"时，也要找到爸爸妈妈办理"存款"。

3 可以每隔一段时间就关注一下自己的"储蓄金额"的变动，渐渐就能体会出储蓄的作用了。

取款机的钱，
不是吐不完的

　　有一天，琪琪跟着爸爸去银行取钱。由于金额不算太多，他们就来到了自动取款机面前。琪琪看着爸爸把卡插进取款机里，又按了好多按键，接着就从机器里取出了一沓钱。他们刚要走出去，爸爸想起还需要取一些钱，于是又操作了一遍，又取出了一沓钱。

　　琪琪好奇地问道："爸爸，取款机里的钱为什么吐不完呢？"

　　爸爸微笑着解释道："我们每一次取款，机器里的钱都会减少。如果机器里的钱全部被取走了，它就不会再吐钱了，工作人员就需要重新把钱放进去。"

　　琪琪点点头，她这才明白自动取款机并不能无限制地吐钱。

你必须要知道的！

常见的自动取款机包括以下构造：

1 上半部分为显示屏、选择按钮、键盘、读卡器、票据出口、打印机、出钞口等。

2 下半部分为现金格、记忆卡、废钞箱等。

3 后台部分则包括电话网络、控制中心、银行电脑等。

自动取款机又称ATM，是automatic teller machine的缩写，意思是自动柜员机，是由英国人谢泼德·巴伦发明的。ATM是一种高度精密的机电一体化装置，既能存款，又能取款，还能查询余额，转账，交电话费、水电燃气费，甚至还能购买基金和交罚款等，可以说大大方便了人们的生活。

自动取款机**使用流程**

第一步 — 将银行卡插入取款机，要注意将有磁条的一面向下。取款机会把卡吞进去，开始工作。

第二步 — 输入密码后，取款机就会与控制中心联系，控制中心则与银行的电脑进行交流，确认我们银行卡内的信息。

第三步 — 办理业务时，控制中心和银行账户都会记录下我们的交易过程、余额等信息。

第四步 — 交易完成后，取款机会把银行卡和现金吐出来，还可以打印相关凭证。我们要及时取走银行卡和现金，否则取款机还会把它们吞回去。

敲重点！我来支招

① 注意取款时间和地点

单独取款时，尽量不要在夜深人静时或偏僻的地方进行，以免被犯罪分子盯上。

② 取走凭条和银行卡

取款后，如果选择打印凭条，一定要随身带走，以免泄露个人信息。将银行卡也要带走。忘记取卡可能会被其他人取走钱财，也可能导致卡被取款机吞掉。

③ 应对假钞

如果怀疑取到假钞，不要离开取款机，立刻将可疑的纸币对准摄像头，让纸币的编号在摄像头前多停留几秒，并缓缓来回移动，让摄像头录制到最佳结果，随后我们就可以带着纸币去银行鉴别。

我们的钱不是被"塞"进手机的

　　潇潇经常能看到妈妈捧着手机在刷购物网站。家里缺日用品了，潇潇的衣服小了，玩具坏了，妈妈的化妆品、爸爸想看的书、弟弟需要的奶粉……她只要在手机屏幕上点、点、点，过几天快递员叔叔就会把购买的物品送到家里来。

　　有一次，潇潇突发奇想，问妈妈："妈妈，你是怎么把钱'塞'进手机里的？"

　　妈妈忍不住笑了，回答说："傻孩子，钱怎么能塞进手机呢？我们先要把钱存进银行，然后把银行卡和支付软件绑定起来，用手机支付时，花的还是我们银行卡里的钱。"

1 消费者在手机上选定某项商品或服务，确定支付后，支付请求就会传输到第三方支付平台。

2 第三方支付平台会将消费者的姓名、卡号等相关信息发送给银行。

3 银行验证完毕后，会在消费者的银行卡内进行扣款，并将支付成功的信息传输回第三方支付平台。

4 第三方支付平台收到支付成功的信息，会将支付成功的凭证传输给商家和消费者。

5 商家收到该凭证，就会为消费者提供商品或服务。

移动支付（主要就是手机支付）没有了时空的限制，我们不用到超市、商场去逛，就能买到全国各地乃至全世界形形色色的商品，受到欢迎是自然而然的。此外，移动支付也方便我们管理自己的消费信息，隐私度相对较高，可以提供的服务也更丰富。

多样的移动支付方式

❶ SIM 卡支付

这是手机支付最早的应用，是将消费者手机的 SIM 卡与其本人的银行卡账户绑定起来。消费者通过发送短信的方式接受系统短信的指引，完成交易。

❷ 扫码支付

扫码支付包括用手机扫商家的二维码，以及向商家提供自己的付款码这两种方式。

❸ 指纹支付

每个人的指纹是独一无二的，通过指纹识别后确定消费者的身份，就可以进行支付，是比较安全的。

❹ 刷脸支付

刷脸支付需要消费者在手机上安装支持该功能的第三方支付平台，并设置好人脸验证。支付时，消费者只要将自己的面部对准支付终端，系统就会自动识别其面部特征，完成支付。

敲重点！我来支招

1 我们要确定自己的手机和第三方支付平台都是安全的，避免在不受信任的网站或应用上进行支付。

2 为了保证支付安全，我们在手机上不要下载来路不明的应用，也不要点击可疑的链接。

3 我们要尽量设置安全性高的密码，并启用密码支付、面容识别等生物识别功能来保护我们的支付账户。

印钞厂能**无限印钱**吗

　　一天，东东在电视上知道了钱是印钞厂印出来的，于是他立刻问爸爸："爸爸，为什么印钞厂不能印制更多的钞票，让每个人都变成亿万富翁呢？"

　　爸爸耐心地解释说："钱的价值，是由供求关系来决定的。如果印制太多的钞票，商品和服务的供应量却没有相应增长，必然会导致物价上涨，这就叫通货膨胀。即使每个人手里的钞票都变得很多，但购买力并没有真正提高，物价上涨反而会让生活成本更高。"

　　看东东似懂非懂，爸爸接着说："真正的财富并不是简单增加货币数量，而是要靠每个人的工作和努力来创造价值。"

1 印钞厂的特制印钞纸需存放在恒温车间里，印制的第一道工序是将印钞纸送进胶印机，印上底纹。

2 接下来，印钞纸被送进凹印机进行凹印，这是一道重要的防伪工序。

3 凹印后，用计算机扫描纸币，看看是否存在缺陷；工人也需要进行抽检，看是否有瑕疵。

4 检验合格的纸币，就可以印上独一无二的编码了，这些编码就是纸币的"身份证"。

5 印码之后，还需要检验一遍，合格之后就能送上机器进行裁切、封装了。

生产多少货币，要考虑的因素有很多，例如国民生产总值、市场的交易量等。如果不加考虑就发行太多钞票，必然会引发物价上涨，出现通货膨胀；反之，若不考虑生产力，印刷货币量太少，则可能出现通货紧缩。

通货膨胀与通货紧缩

		通货膨胀	通货紧缩
区别	原因	社会的总需求大于总供给，货币发行量超过流通中需要的货币量时，物价会全面、持续上涨。	社会的总需求小于总供给，货币的发行量少于流通中需要的货币量时，物价会全面、持续下跌。
	危害	物价上涨、货币贬值，人们的生活水平会下降，社会的经济秩序会变得混乱。	物价下降，企业失去投资的积极性，市场没有销路，对经济的长远发展不利。
	解决措施	控制货币的供应量和信贷规模，财政货币政策要适度从紧。	加大投资力度、扩大内需与出口，实施适度积极的财政货币政策。
联系		二者都是社会的总需求与总供给不平衡所致，都会对社会的正常经济生活和经济秩序造成严重影响，不利于经济的发展。	

敲重点！我来支招

1 通货膨胀是一种无法避免的经济现象。遇到通货膨胀，可能原先需要 100 元就能买到的东西，现在则需要更多钱了。此时，我们可以适当地少购买一些商品，只买自己需要的东西。

2 通货膨胀中，很多人会选择购买一些实物资产，例如房地产、黄金等，防止自己的钱一夜之间贬值。当然，实物资产也存在市场风险，需要谨慎。

妈妈一拉开抽屉，就能"变"出钱

　　每次佳佳想要买什么东西，都会跟妈妈说一声，妈妈如果同意了，就会打开一个抽屉，从里面拿出钱给她。

　　这一天，妈妈随意地问佳佳："你知道钱是从哪里来的吗？"

　　佳佳一本正经地说："是妈妈从抽屉里变出来的。"

　　妈妈意识到有必要对女儿进行财商教育了，于是她认真地说："佳佳，钱可不是妈妈从抽屉里'变'出来的，而是爸爸妈妈劳动之后赚来，放进抽屉里的。"

　　看佳佳一脸大失所望的样子，妈妈又说："佳佳，你要知道，世界上可没有什么变出钱的东西，钱都是靠劳动换来的。"

1 体力劳动主要依靠劳动者的力量和体能来进行生产，农民和工人多数都属于体力劳动者。通常来说，体力劳动对教育和培训的需求相对较低，有着较低的技能门槛和较高的可替代性。

2 脑力劳动需要劳动者进行思考、分析、判断和决策等智力活动，通常需要通过学习和培训来获取专业知识和技能。

3 脑力劳动在许多生产过程中需要与体力劳动互补，脑力劳动者的技术和设计需要体力劳动者来操作和执行，体力劳动者的生产则需要依赖脑力劳动者的技术和设计来指导。

我们越早了解金钱的来之不易，就越容易形成正确的金钱观，这对我们的一生都是有益的。同时，知道金钱的来之不易，也有助于我们形成对父母的感恩心理，同时产生学习和进步的动力。

居民主要收入来源

类型	简介
劳动收入	我国大多数居民的收入都来自劳动收入，包括种植收入、养殖收入、个体经济收入、工资收入等。
经营收入	从事生产经营活动获得的收入。经销商品、提供餐饮或住宿等服务、工程承包等都属于经营收入。经营收入与个体经济收入不同，经营者主要雇佣劳动力进行劳动，而个体经营者常常是主要劳动者。
租赁收入	出租建筑物、土地使用权、机器设备、车船等获得的收入。
继承收入	依法继承遗产获得的收入。
其他收入	稿酬、自谋职业收入以及偶然所得收入等。

敲重点！我来支招

1 无论是从事体力劳动还是从事脑力劳动，都需要付出很大的努力，才能换来一定的报酬。我们想要从事某类劳动，就需要努力学习知识，并对一些劳动技能进行了解。

2 社会上有一部分人从事生意投资等，他们可以脱离劳动，雇佣劳动者为自己工作。若要经营成功，往往需要发明新的物品或提供创新服务，可见我们必须培养自己的创新精神。

陪爸爸妈妈工作，
我长大了

　　小力的爸爸妈妈经营着一家饭店，常常早出晚归，陪儿子的时间不多。为了补偿小力，妈妈给他零花钱时总是很大方。小力花起钱来也不"含糊"，经常买各种各样的零食和玩具。

　　一个周末，爸爸妈妈又去饭店了，小力做完作业，心血来潮就去店里玩。爸爸妈妈还是顾不上他，他就拿着一包零食，坐在一旁看妈妈帮客人端菜。看着看着，他心疼起妈妈来：妈妈的额头上已经满是汗珠了，但是她来不及擦，因为客人还是不断地走进店来……

　　从这天起，小力开始意识到爸爸妈妈工作的不容易。他不再乱花钱了，爸爸妈妈都夸他长大了。

你必须要知道的！

1 知道爸爸妈妈从事的是什么工作，一天要工作多长时间，能够获得多少收入等，有助于我们体会爸爸妈妈工作的不易。

2 陪爸爸妈妈一起工作，有助于我们建立职业意识，为我们未来的职业选择做好准备。

3 在爸爸妈妈的工作场所，我们可以学习到成人如何管理时间、如何处理工作任务，有助于我们提高时间的利用效率。

实践出真知

俗话说："实践出真知。"我们作为学生，没有从事过工作，无法深入了解赚钱的艰辛和劳动的意义。就算大人告诉我们赚钱有多难，我们也会不以为然。只有我们亲眼见到乃至体验到爸爸妈妈是如何工作的，才能对赚钱的艰辛有一定的认识，对劳动与金钱的关系产生较为完整的认知。

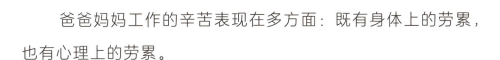

劳动带来的辛苦有哪些

爸爸妈妈工作的辛苦表现在多方面：既有身体上的劳累，也有心理上的劳累。

原因	
疲劳或身体不适	爸爸妈妈从事体力劳动，例如耕作、搬运、长时间站立或走动等，容易导致疲劳或身体不适。
影响身心健康	长时间工作，例如早出晚归、加班或连续工作多天等，会让爸爸妈妈缺乏足够的休息时间，影响他们的身心健康。
导致不良情绪	高强度的工作环境、较重的生产任务、不融洽的人际关系等，都可能给爸爸妈妈带来精神上的压力，对他们的情绪和心理健康产生负面影响。
牺牲个人时间和兴趣爱好	为了工作和家庭，爸爸妈妈往往不得不牺牲自己的个人时间和兴趣爱好，这会让他们产生失落等情绪。

敲重点！我来支招

1 想要理解爸爸妈妈工作的辛苦，最好还是到他们工作的场所去，了解他们的工作环境和工作内容等。

2 我们可以主动询问爸爸妈妈的工作经历，包括他们在工作中遇到的压力、困难和挑战等。

3 爸爸妈妈工作非常辛苦，我们可以为他们分担一些力所能及的家务劳动，例如整理房间、洗碗等。

爸爸的工资条，能让我看看吗

　　小薇生活在一个幸福的家庭，爸爸妈妈的关系很融洽。为了不让小薇养成"公主病"，爸爸妈妈很注意对她进行财商教育。

　　一天，爸爸刚领完工资回到家，把工资条递给妈妈看。正在看动画片的小薇突然转过头，对妈妈说："爸爸的工资条，能让我看看吗？"妈妈并没有因为小薇是个小孩子就不让她看，而是毫不犹豫递给了她。小薇看的时候，妈妈又给她讲解了这些工资中有多少用来还房贷，多少用来添置生活用品，多少用来吃饭、买衣服……小薇听得非常认真，还提出了一些开源节流的建议，爸爸妈妈非常高兴，觉得自己的女儿真的越来越懂事了。

你必须要知道的！

1 了解爸爸妈妈的工资条和家庭的收入、支出，有助于我们理解家庭的经济状况，培养节约和理财的观念。

2 了解爸爸妈妈的工资条，可以帮助我们理解爸爸妈妈的工作以及家庭成员各自的职责，培养责任感。

3 通过了解爸爸妈妈的收入和付出，我们可以认识到劳动的价值和意义，从而培养劳动意识和正确的价值观。

4 提早了解家庭的收入状况，有助于我们规划未来，思考自己长大后想要从事什么样的职业。

很多家庭主要的收入来源都是工资，工资是国家或企业根据劳动者提供的劳动数量和质量，按事先规定的报酬标准以货币形式支付的报酬。对于大多数小学生来说，吃饭、穿衣、上学的费用，都来自爸爸妈妈的工资。

工资条包括哪些内容

收入类型	简介
工资收入	包括基本工资、工龄工资、职务工资、加班工资、绩效工资等。
奖金	如全勤奖、交通补助、节日补贴、超额劳动报酬、增收节支的劳动报酬等。
扣款	缴纳的基本养老保险、基本医疗保险、住房公积金及企业年金，缺勤、任务不达标扣款等。
扣税	工资、奖金、劳动分红、补贴等收入应缴纳个人所得税。收入越多，缴纳的税款越多。
实发工资	员工最终获得的收入。

敲重点！我来支招

1 我们要努力学习，打好知识基础，未来就可以从事更加重要的工作，获得更理想的回报。

2 我们现在要努力发掘自己的兴趣和特长，未来这些特长也可能成为我们的工作。

3 我们现在还接触不到真正的工作，但是可以参加一些社会实践活动，如环保、义工、社会调查等，为未来的职业发展做好准备。

我来当一天“生意人”

　　小驰的爸爸开了一家建材公司，总是说以后要让小驰接自己的班。小驰常常反驳说：“生意人都是满身铜臭味儿，我才不接你的班呢。”

　　一个周末，小驰来到爸爸的办公室，爸爸递给他一张纸。小驰一看，原来是一份投资计划书。爸爸让小驰看看这项生意是否可行。小驰不情不愿地研究起来，发现一项生意要想挣钱，要考虑的因素太多了，成本、人力、位置、发展前景……

　　公司到下班时间了，小驰还没有研究好，他这才明白做生意原来这么难，爸爸赚的每一笔钱都来之不易。

你必须要知道的！

1 要想经营好生意，首先必须有充足的资金，满足公司或店面的费用支出，确保生意顺利进行，不会出现资金短缺。

2 经营生意前必须做好市场调查，了解消费人群、消费水平、地理位置、当地政策等。

3 产品和服务都要尽量创新，才能满足消费者的要求，不被市场淘汰。

4 诚信经营。要想得到消费者和客户的认可，必须坚持诚信经营，才能保持生意的长久。

在我国古代，人们被划分为"士、农、工、商"四个等级。商人虽然生活优越，但社会地位很低，人们总觉得商人身上充满"铜臭味"。今天，经商是正常的收入来源之一，我们完全可以以此为目标，学习一些相关的知识。

公司管理团队图

公司的规模大小不一，既有几个人的小公司，也有人数达到数百万人的超大型公司。一般来说，规模较大的公司的管理团队如下图所示：

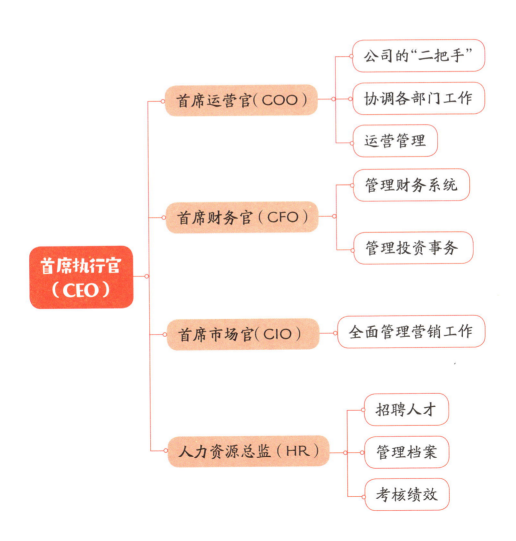

首席运营官（COO）
- 公司的"二把手"
- 协调各部门工作
- 运营管理

首席财务官（CFO）
- 管理财务系统
- 管理投资事务

首席市场官（CIO）
- 全面管理营销工作

人力资源总监（HR）
- 招聘人才
- 管理档案
- 考核绩效

首席执行官（CEO）

敲重点！我来支招

1　如果长大后想经商，我们就要从现在起培养商业意识，了解一些与商业相关的知识，阅读一些相关书籍等。

2　想要成为成功的商业人士，必须具有一定的领导力。我们现在就可以在学校争取一些领导岗位，或者学习一些有关领导力的知识。

3　想要成为成功的商人，创新思维必不可少。我们要通过各种途径培养自己的创新思维。

树立正确的金钱观，不要变成"小财迷"

慧慧的妈妈为了避免女儿沾上"铜臭味"，变成"小财迷"，从来不跟慧慧谈钱。但是，很快她就发现女儿的金钱观有些畸形：她花起钱来大手大脚，喜欢的东西不给她买就要哭闹一整天，还喜欢和同学攀比；她的玩具、零食从不肯与朋友分享……

妈妈终于认识到，不让女儿变成"小财迷"，重要的是让她形成正确的金钱观。于是，妈妈开始有意识地给慧慧讲爸爸妈妈工作的不容易，鼓励女儿储蓄，告诉女儿要有感恩之心和慈善意识……慢慢地，慧慧真的改变了，她能体谅爸爸妈妈赚钱的不易了，妈妈很欣慰。

你必须要知道的！

1 缺乏正确的金钱观，我们消费时就没有足够的自控能力，容易陷入盲目消费的陷阱之中。

2 缺乏正确的金钱观，长大后我们就很难有效地规划和管理财务，容易在经济上陷入困境。

3 没人愿意和一个唯利是图或者吝啬自私的人交往，我们如果变成那样的人，很容易失去朋友。

　　我们有哪些表现，就要警惕变成"小财迷"呢？如果我们对购物、消费等概念过分敏感，在日常生活中过分计较金钱，自己的东西不愿意分享给别人，却一心想要从别人那里占一点小便宜，那就要赶紧警惕起来了。

金钱观 小测试

1. 你有自己存钱的习惯吗？ 是（　　）否（　　）

2. 你有自己的银行账户吗？ 是（　　）否（　　）

3. 爸爸妈妈拒绝给你买玩具，你会自己付钱吗？ 是（　　）否（　　）

4. 你会为自己的消费记账吗？ 是（　　）否（　　）

5. 你会关注心仪商品的降价广告和优惠券吗？ 是（　　）否（　　）

6. 你经常丢钱或把钱放错地方吗？ 否（　　）是（　　）

7. 你会因为别人拥有而想要买某样东西吗？ 否（　　）是（　　）

8. 你经常购买用不上的"热门"商品吗？ 否（　　）是（　　）

9. 你将自己的东西分享给朋友，会心疼吗？ 否（　　）是（　　）

10. 不高兴时，你会去购物吗？ 否（　　）是（　　）

每道题选第一个答案，为你的金钱观加1分，6分以上者为及格，6分以下者就需要积极做出改变了。

敲重点！我来支招

1 要有理财意识

我们要有一定的理财意识，明白金钱的重要性以及爸爸妈妈的钱是怎么来的，并自行分配开支、进行储蓄、认识一些较低风险的理财工具等。

2 树立正确的劳动意识

我们一定要明白金钱来之不易，是要靠劳动来换取的。我们可以从事一些力所能及的劳动，并获得合理报酬。

3 参加公益活动

我们在增强理财意识的同时，不能忽视爱心与社会责任感的养成，可以有意识地参加一些公益活动。

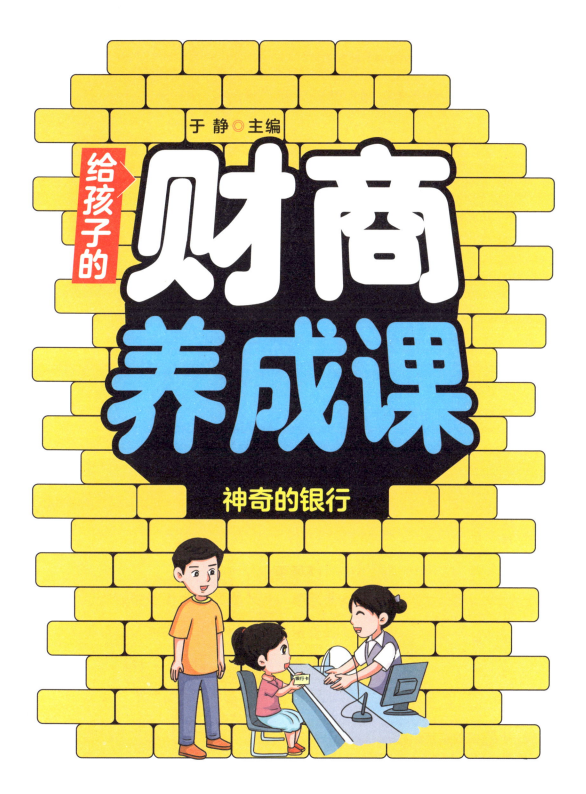

于 静◎主编

给孩子的

财商
养成课

神奇的银行

黑龙江科学技术出版社

HEILONGJIANG SCIENCE AND TECHNOLOGY PRESS

图书在版编目（CIP）数据

给孩子的财商养成课．神奇的银行 / 于静主编．--
哈尔滨 ： 黑龙江科学技术出版社，2024.5
ISBN 978-7-5719-2376-1

Ⅰ．①给… Ⅱ．①于… Ⅲ．①理财观念－少儿读物
Ⅳ．① F275.1-49

中国国家版本馆 CIP 数据核字 (2024) 第 079184 号

给孩子的财商养成课． 神奇的银行
GEI HAIZI DE CAISHANG YANGCHENG KE . SHENQI DE YINHANG

于静　主编

项目总监	薛方闻
责任编辑	李　聪
插　　画	上上设计
排　　版	文贤阁
出　　版	黑龙江科学技术出版社
	地址：哈尔滨市南岗区公安街 70-2 号　邮编：150007
	电话：(0451) 53642106　传真：(0451) 53642143
	网址：www.lkcbs.cn
发　　行	全国新华书店
印　　刷	天津泰宇印务有限公司
开　　本	710 mm×1000 mm 1/16
印　　张	4
字　　数	41 千字
版　　次	2024 年 5 月第 1 版
印　　次	2024 年 5 月第 1 次印刷
书　　号	ISBN 978-7-5719-2376-1
定　　价	128.00 元（全 6 册）

给孩子们的一封信

在一个人的成长之路上，智商和情商十分重要，财商也不能被忽略。财商，简单地说就是理财能力。人的一生处处离不开金钱，想要拥有辉煌人生，就需要正确认识金钱，理性进行消费和投资。这些在经济社会中必须具备的能力不是天生的，而是需要进行后天的学习。

如果不从小培养财商，就会在童年这个最容易塑造自身能力的时期"掉队"，长大后再想弥补，往往可能事倍功半。所以，只有在少年时期就学会与金钱打交道，才能在未来更好地创造财富、驾驭财富，成为金钱的主人。

为了响应素质教育的号召，培养智商、情商与财商全面发展的新时代少年，我们编著了"给孩子的财商养成课"丛书。在这套丛书中，小读者可以了解货币的起源，认识到钱来之不易，懂得理性消费、有计划花钱的重要性，同时还可以对赚钱、投资等进行一次"超前演练"。此外，对金融体系的核心机构——银行，以及一些重要的国际金融理念，这套丛书也进行了一些简要的介绍。整套丛书图文并茂，注重理论与生活实践相结合，力图全方位提升小读者的财商。

还等什么，赶紧翻开这套丛书，开启一段"财商之旅"吧。

目 录 CONTENTS

银行前世知多少

暑假里，爸爸妈妈带着娜娜去山西平遥古城旅游，一家人走着走着，娜娜指着一块高高的牌匾问道："记昌昇日是什么意思？"妈妈笑着说："傻孩子，是日昇昌记，是一家票号。"娜娜好奇地问："票号是什么？卖票的吗？"爸爸解释道："票号其实就相当于现在的银行，人们可以在这里兑换钱币、存钱或者借钱。日昇昌记是我国第一家票号，建立于清朝。""这么厉害啊！"娜娜惊讶地说："我国这么早就有银行了吗？"妈妈补充道："不仅如此哦，我国还有钱庄、柜坊等，它们都有类似于银行的功能，而且一个比一个早！"

你必须要知道的!

1 唐朝的柜坊是我国最早的银行雏形,它是由邸店衍生而来的。邸店可以为来往的商人提供住宿,而柜坊则是他们存钱、存货的地方。

2 钱庄出现于明朝,主要职能是帮人们兑换货币、存钱或贷款。但钱庄的"营业范围"只局限于当地,无法跨地域办理业务。

3 票号也叫票庄,职能比钱庄更加丰富,并且在全国开了许多分店,因此可以办理"异地业务"。

最早的银行家

早在中世纪时期,欧洲各国之间的贸易往来频繁,但是来自各国的商贩使用的货币五花八门,交易起来十分不便。后来,出现了一批专门帮人鉴别、保管、兑换货币(并收取一定利息)的人,由于他们总是坐在港口或集市的长凳上,因此被称为"坐长凳的人",他们就是最早的银行家。

从"钱庄"到"银行"

银行在我国有着悠久的历史，并且经历了复杂的变化才形成了今天的样子。下面让我们来看看银行在中国的变迁之路吧！

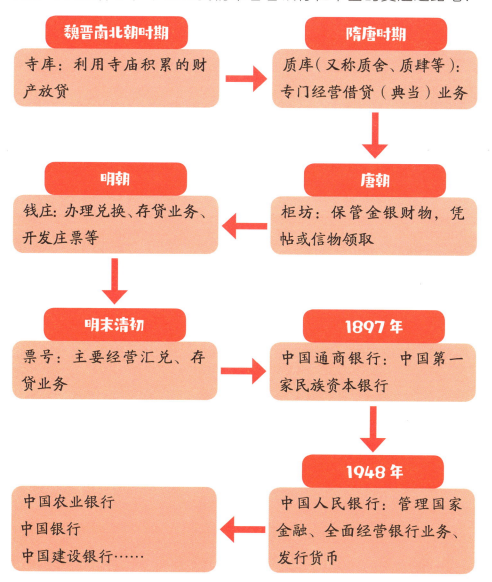

魏晋南北朝时期
寺库：利用寺庙积累的财产放贷

隋唐时期
质库（又称质舍、质肆等）：专门经营借贷（典当）业务

唐朝
柜坊：保管金银财物，凭帖或信物领取

明朝
钱庄：办理兑换、存贷业务、开发庄票等

明末清初
票号：主要经营汇兑、存贷业务

1897年
中国通商银行：中国第一家民族资本银行

1948年
中国人民银行：管理国家金融、全面经营银行业务、发行货币

中国农业银行
中国银行
中国建设银行……

3

敲重点！我来支招

1 我们可以想象一下古人在钱庄、票号存钱或贷款时会遇到哪些问题，试着想想这些问题的解决方案，以此来锻炼我们的财商。

2 平时，我们可以多跟着爸爸妈妈去银行办理业务，学习如何开户、储蓄、购买理财产品等，这些技能对于我们以后的生活和发展都是十分有益的。

各种各样的银行

  星期天，小妍陪妈妈一起去菜场买菜。走到半路，妈妈才发现忘了带手机，钱包里也没有现金，这下没办法支付了。小妍说："妈妈，我们回去拿手机吧。"妈妈说："没关系，我带着银行卡呢，我们去银行取点现金就可以了。"

  她们来到一家带有蓝色标志的银行，妈妈把一张卡片插进自助取款机，又用按键操作了一番，就取出了很多钱。小妍感叹道："银行太神奇了！"

你必须要知道的！

1 银行按职能划分，可分为中央银行、政策性银行、商业银行、投资银行、世界银行。

2 中国的中央银行是中国人民银行，它的主要职责是：执行货币政策，对国民经济进行宏观调控，对金融机构乃至金融业进行监督管理。

3 我们平时接触的大多是商业银行。商业银行是以获取利润为目的的货币经营企业，其主要业务包括存款、贷款、汇兑、储蓄等。

历史悠久的银行

　　银行是商品货币经济发展到一定阶段的产物，是依法成立的经营货币信贷业务的金融机构，其主要业务包括存款、贷款、汇兑、储蓄等。最早的银行出现在16世纪80年代意大利的威尼斯。18世纪末至19世纪初，银行开始普遍发展。中国的第一家银行是清朝光绪年间成立的，叫中国通商银行。

银行类别 大盘点

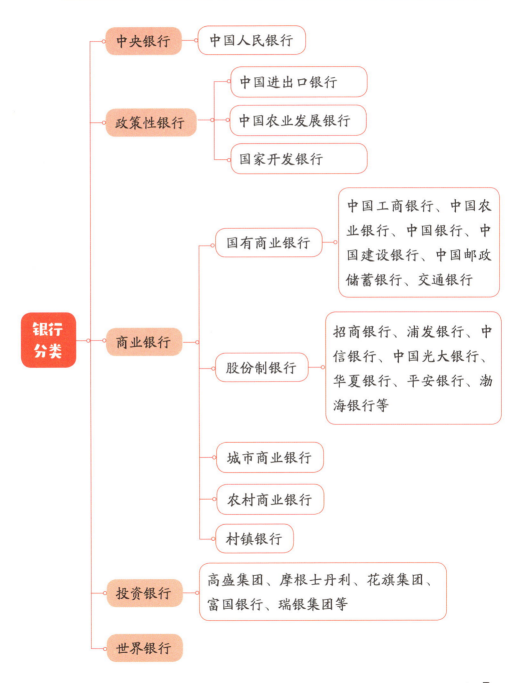

- 银行分类
  - 中央银行 —— 中国人民银行
  - 政策性银行
    - 中国进出口银行
    - 中国农业发展银行
    - 国家开发银行
  - 商业银行
    - 国有商业银行 —— 中国工商银行、中国农业银行、中国银行、中国建设银行、中国邮政储蓄银行、交通银行
    - 股份制银行 —— 招商银行、浦发银行、中信银行、中国光大银行、华夏银行、平安银行、渤海银行等
    - 城市商业银行
    - 农村商业银行
    - 村镇银行
  - 投资银行 —— 高盛集团、摩根士丹利、花旗集团、富国银行、瑞银集团等
  - 世界银行

敲重点！我来支招

1 银行与我们的生活息息相关，我们应该从小多多学习有关银行的金融知识，以提高我们的财商，为未来的成长打下坚实的基础。

2 银行能够为我们提供很多服务，比如存钱，取钱，贷款，代缴水、电、煤气费，代发工资，兑换货币，等等。当爸爸妈妈要去银行的时候，我们不妨跟着去见识一下。

银行中的"老大"——中央银行

　　这天，妈妈带着梦奇去银行办理业务。银行里来存钱、取钱的人络绎不绝，梦奇不禁发问："妈妈，这么多人到银行取钱，会把银行的钱取光吗？"妈妈说："商业银行之间一直在进行资金往来，一般情况下是不会被取光的。"梦奇追问道："那万一银行真的没钱了呢？"

　　这下妈妈不知该怎么回答了，这时候，一名工作人员说道："那只能向中央银行请求援助了。"梦奇问："中央银行是什么银行？"工作人员耐心地说："中央银行是银行中的'老大'，发挥'最后贷款人'的作用，它会向商业银行提供资金支持，帮助其渡过难关。"

1 中央银行是政府设立的特殊金融机构，负责制定和执行货币政策、监督管理金融机构、对国民经济进行宏观调控。

2 "最后贷款人"指的是当商业银行陷入资金困难并且无法从其他渠道筹集资金时，承担最后的"靠山"角色的中央银行。

3 中央银行还负责在全国建立安全高效的支付系统，以满足市场扩大和跨国交易的需求，保证买家和卖家顺利交易。

中国的中央银行：中国人民银行

　　我国的中央银行是中国人民银行，简称"央行"，它是国务院的下属部门，是我国居主导地位的金融中心机构，是国家干预和调控国民经济发展的重要工具。

中央银行的三大职能

中央银行是一个国家最重要的金融中心机构，具有广泛的职责范围，对于维护国家金融稳定、促进经济发展具有不可替代的作用。中央银行有三大职能，分别是"发行的银行""银行的银行""国家的银行"。

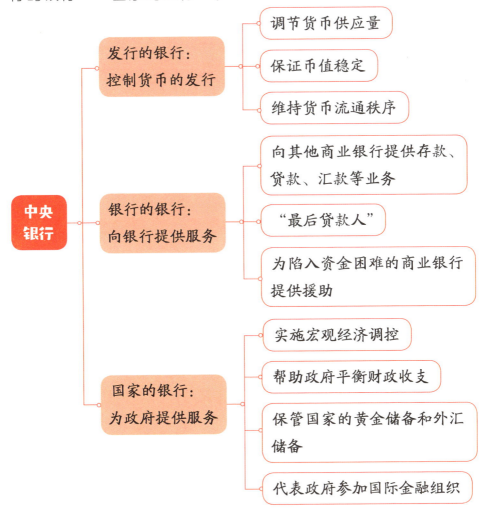

中央银行

发行的银行：控制货币的发行
- 调节货币供应量
- 保证币值稳定
- 维持货币流通秩序

银行的银行：向银行提供服务
- 向其他商业银行提供存款、贷款、汇款等业务
- "最后贷款人"
- 为陷入资金困难的商业银行提供援助

国家的银行：为政府提供服务
- 实施宏观经济调控
- 帮助政府平衡财政收支
- 保管国家的黄金储备和外汇储备
- 代表政府参加国际金融组织

敲重点！我来支招

1 中央银行对金融市场起到监管和调控的作用，我们可以通过了解中央银行的职能和作用，了解金融市场中的诸多风险，培养自己对风险的管理能力。

2 我们平时可以关注一些国家的经济状况或政策调整方面的新闻，通过分析中央银行的种种决策锻炼自己对宏观经济的理解能力，这有助于培养自身的经济意识。

银行与人民币

　　小山和妈妈一起去餐厅吃饭。吃完后，妈妈叫来服务员结账。这一餐正好是 100 元，妈妈便把钱包交给小山，说："你已经认识人民币了，你把钱拿给叔叔吧。"小山便付了款。

　　服务员走后，小山对妈妈说："妈妈，刚才那张钱好新啊，好像是从来没用过的。"妈妈说："确实，你知道这些崭新的人民币是从哪里来的吗？"小山回答说："我猜是从银行里发出来的吧。"妈妈说："没错，那么银行里的钱又是怎么来的呢？"小山困惑地说："这可难倒我了。"妈妈就耐心地给小山讲了有关人民币的来源的知识。

你必须要知道的！

1 我国的中央银行，即中国人民银行，是统一发行和管理人民币的机构。发行人民币、管理人民币流通是中国人民银行的重要职责之一。

2 我国的中央银行发行的人民币是由直属于中国人民银行的中国印钞造币集团有限公司制作出来的，又由专门的印钞厂印刷出来。

3 个人或其他机构是不允许伪造人民币的。制造假币是严重的违法行为，使用假币也一样是违法的。

我国的法定货币——人民币

人民币是中华人民共和国的法定货币，是中国经济主权的象征。人民币的单位为元，辅币单位为角、分。10角为1元，10分为1角。人民币的符号我们应该都不陌生，为"￥"，取"元"的拼音首字母大写Y加上两横而成。

人民币的发行

第一套

第一套人民币是 1948 年 12 月 1 日于中国人民银行成立时开始发行的。

第二套

第二套人民币是在第一套人民币的基础上于 1955 年 3 月 1 日开始发行的。

第三套

第三套人民币是中国人民银行于 1962 年 4 月 20 日开始发行的。

第四套

第四套人民币是中国人民银行于 1987 年 4 月 27 日至 1997 年 4 月 1 日发行的。

第五套

第五套人民币就是我们现在使用的人民币。1999 年 10 月 1 日，在中华人民共和国建国 50 周年之际，中国人民银行陆续发行第五套人民币(1999 年版)。

敲重点！我来支招

1 人民币是国家的名片，我们每个人都有责任好好保护它，在人民币上乱涂乱画、故意损毁人民币可是违法行为哟。

2 如果怀疑他人给我们的人民币是假币，我们有权拒收。平时我们应注意学习识别人民币真假的方法。当发现手中有假币时，就不要再用它进行消费了。

存钱进**银行**，
坐等**收利息**

　　春节过后，欣欣把自己的压岁钱好好数了一遍。她发现除了零花钱以外，暂时有 2000 元是用不到的。欣欣便找到爸爸，希望爸爸帮自己收好这 2000 元。爸爸说："你可以把这笔钱存进银行，这样不仅不用担心丢失，银行还会给你利息呢。"

　　欣欣不解地问："什么是利息呢？"爸爸解释道："简单说就是你把钱存进银行后，银行会按照一定的利率定期支付你一些钱。"欣欣说："这也太好了，我存钱的同时还能挣钱呀，那么我们马上去银行吧。"爸爸说："你很快就会拥有一个自己的账户了。"

1 我们存入银行的钱叫本金，把本金存入银行后，银行会按照一定的比例向我们支付报酬，这个比例就是利率，我们从银行得到的报酬就是利息，利息是存款本金的增值部分。

2 在存款前，我们除了要想好要存多少钱外，还要确定好在哪个银行存款。不同的银行利率是不同的，我们要根据自己的实际情况考虑清楚，选择适合自己的银行。

选哪个银行呢？

　　从前，我们把钱存入银行后，会得到一张存折，上面会记录存取款明细和利息收入。随着时代的发展，银行卡代替了存折。银行卡的功能非常强大，也非常便捷。我们不一定非得去银行办业务，把银行卡插入街边的自动柜员机就可以办理存款、取款等业务。

18

存款方式大不同

当我们选择了一家银行准备存款时，银行的工作人员会询问我们要按哪种方式存款，不同的储蓄方式带来的收益是不同的。

我要存2000元。

您要按哪种方式存？是活期还是定期？

什么是活期？什么是定期呀？

活期存款可以随时存、随时取，但利率较低。定期存款，存款后到了约定期限才能取出，利率较高。存期有3个月、6个月、1年、2年、3年、5年。

好复杂呀！

您可以想想这笔钱短期会不会用到。

短期不会用到，我还是存定期吧，利息高一点，存六个月吧。

好的，马上为您办理。

敲重点！我来支招

1 储蓄是一个很好的习惯，把钱放在银行既安全，又可以赚利息。如果我们有闲钱，让父母陪同我们去银行开一个属于自己的账户是非常好的选择。

2 我们身边的银行非常多，储蓄的方式也非常多，我们应该在父母的帮助下，考虑清楚，选择最适合自己的储蓄方式。

存进银行的钱真的毫无风险吗

今天，小琪放学一回家就冲到了妈妈面前，煞有介事地问道："妈妈，咱们家的钱您都存到银行了吗？"妈妈说："存了呀，你怎么突然关心起这个来了？"小琪说："小乐说他爷爷把辛辛苦苦存了很多年的钱锁在了一个木柜里，可谁能想到前几天他爷爷家着火了，那些钱都烧成灰了。"妈妈说："把大量现金放在家里的确很不安全。"小琪说："幸好咱们家的钱都在银行里，不但不会损失，还能生利息，这我就高枕无忧了。"妈妈说："把钱存在银行的确有很多好处，但只能说相对安全，银行也有可能会倒闭，金钱也有可能会缩水，这世上不存在万无一失的事。"

1 现如今，大部分人都会把手里的钱存入银行。银行的确比家里更安全，银行失窃的概率很低，也不用担心现金被虫蛀、鼠啃、水淹、火烧等。

2 世上没有万无一失的事情，银行虽然相对安全，但也有着破产的可能性。很多国家都发生过银行破产的案例。

3 如果物价越来越高，相应地，金钱就会贬值，那么我们放在银行的钱就相当于缩水了。我们很有可能遭遇这种损失。

中国四大银行

中国四大银行，是指由国家直接管控的四个大型国有银行，分别是中国工商银行、中国农业银行、中国银行、中国建设银行，简称工、农、中、建，亦称中央四大行，它们代表着中国最雄厚的金融资本力量。

银行标志认一认

　　小朋友们，我国的大型国有商业银行一共有六个，分别是中国工商银行、中国农业银行、中国银行、中国建设银行、交通银行和中国邮政储蓄银行。它们的标志各不相同，外出的时候，不妨留心并记忆一下，然后在下面的框中把它们画出来吧。

中国工商银行

中国农业银行

中国银行

中国建设银行

交通银行

中国邮政储蓄银行

敲重点！我来支招

1 把钱存在银行是相对稳妥的，但也不是百分之百的安全，所以我们应该根据实际情况，选择合适的储蓄方式，并且多关注相关政策，灵活调整，这样才能尽可能地保住自己存款的购买力。

2 我们在选择银行时要选择那些抗风险能力较高的银行，大型国有商业银行是很不错的选择。

贷款买房子喽

　　放学后，子睿听到爸爸妈妈正在考虑换一个大房子。他最近了解了不少财商知识，对于家庭经济事务非常关心，于是问道："我们现在有房子住，为什么要换呢？"妈妈说："妈妈不是怀孕了吗？等到小宝宝降生，这个房子就住不下了。"子睿又问："可是现在房价很高，我们家一下子能拿出这么一大笔钱吗？"爸爸说："我们把旧房子卖掉，再加上这些年的积蓄，可以凑够房款的50%，剩下的钱可以向银行借。"子睿问："这也行？"爸爸说："是呀，我们只需要遵守和银行的约定，每个月还银行一笔钱就好了。"子睿开心地说："太好了，我们可以住大房子喽！"

你必须要知道的！

1 买房对于绝大多数人而言绝对算得上是大宗消费，对很多人来说都是很有压力的，然而房子又属于生活必需品，很多时候，我们不得不买。

2 如果一个人或一个家庭有切实的购房需求，却又一下子凑不齐买房款，就可以选择向银行贷款，然后每月向银行还款。除了还银行借出的部分外，还要按一定的利率还利息。因此住着大房子的人也不一定就是富豪。

搞定！

  贷款的意思是银行、信用合作社等信用机构根据必须归还的原则，按一定的利率，借钱给用钱的单位或个人，一般会规定偿还日期。贷款按有无抵押品分抵押贷款和信用贷款，抵押贷款需要借款人提供物质保证，信用贷款仅凭借款人的信用。

说一说按揭

　　小朋友们可能在生活中听到过"按揭"一词，什么是"按揭"？"按揭"一词来源于香港，是英语单词"Mortgage"的粤语音译，是抵押贷款的意思。这种购房或购物的付款方式是，以所买的房子或物品为抵押品向银行借款，之后分期偿还。

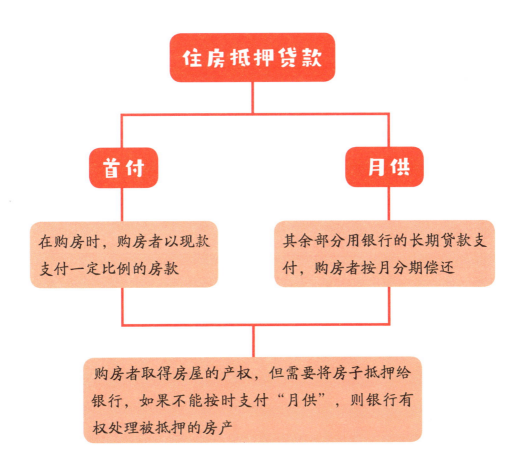

住房抵押贷款

首付：在购房时，购房者以现款支付一定比例的房款

月供：其余部分用银行的长期贷款支付，购房者按月分期偿还

购房者取得房屋的产权，但需要将房子抵押给银行，如果不能按时支付"月供"，则银行有权处理被抵押的房产

敲重点！我来支招

1 应该根据家庭的收入水平来决定是否贷款，如果爸爸妈妈的收入较低，还款压力过大，则不适合贷款买房。

2 向银行贷款买房的确给我们的生活带来了便利，但是贷款时间越长，利息就会越高，因此应尽快还款。

3 在贷款买房时，要提前制订还款计划，并将家庭未来的收入变化情况考虑在内。

有了信用卡可以**无限消费**吗

　　楚然的小姨是个"购物狂"。一次她们一起出去玩，结账时，楚然忍不住问："小姨，你买了这么多东西，你的钱够花吗？"小姨自信地说："我有信用卡！"楚然又问："信用卡是什么卡？"小姨解释说："信用卡就相当于银行给我开的借条，让我可以先消费，后续再慢慢还款。"楚然继续问："那有了信用卡就可以无限消费吗？""当然不行了，"小姨说，"信用卡是有额度的，超过额度就不能再用了。"

　　此时，收银员说道："对不起女士，您的信用卡超额了。"

1 信用卡是银行提供的一种小额信贷支付工具，它允许持卡人在卡里没有钱时刷卡消费，但要在之后的还款期限内还款。

2 如果持卡人没能及时还款则会被银行催收，如果被银行催收2次后超过3个月仍不还款则属于违法行为。

3 银行会定期发送账单给信用卡持卡人，用来确认消费记录和还款情况。如果持卡人忘记查看账单，很可能会错过还款日期。

中国银行卡联合组织——中国银联

　　最初，由于缺乏一个统一的跨行清算组织，国内各家银行发行的银行卡不能跨行使用。为了解决这个问题，中国银联应运而生。这是一个由多家银行共同发起成立的银行卡组织，在中国银联的推动下，国内的银行卡实现了跨行通用，甚至在国外也建立起广阔的银联受理网络。

信用卡和借记卡的区别

　　银行卡主要分为两大类，分别是借记卡和信用卡。借记卡是最常见的银行卡种类，它就相当于一个钱包，我们需要先将钱存进借记卡才能用它消费。而信用卡就像一个有额度的欠条，持卡人可以先消费，然后再存款。

　　信用卡和借记卡还有哪些区别呢？我们一起来看看吧！

	信用卡	借记卡
办理条件	有身份证、年满18周岁、有还款能力、无不良信用等。	有身份证、年满16周岁；未满16周岁需由监护人协助办理。
卡号	16位数字。	16、17或19位数字。
费用	年费、利息、透支利息、现金提取费、资金转账费等。	年费、利息、取款手续费、转账手续费等。
使用	有信用额度，先消费、后还款，可透支。	没有信用额度，先存款、后使用，不可透支。
信用记录	与个人信用记录相关。	与个人信用记录无关。

敲重点！我来支招

1 有了信用卡并不代表可以无限消费，我们要提醒爸爸妈妈，使用信用卡时要有节制，不能过度消费。

2 在使用信用卡消费后，一定要在规定时间内还款，如果没有及时还清欠款，就会影响我们的征信！

3 如果持卡人办了信用卡却长期不用，会导致限额降低、提额困难，我们要提醒爸爸妈妈避免这种情况出现。

银行知道每个人的 征信记录吗

　　假期，爸爸妈妈带着小硕出去玩。一家人来到高铁站后，小硕发现，售票处有一个男人正苦苦哀求售票员，售票员说："对不起先生，系统显示您已被列为失信被执行人，我不能卖票给您……"

　　小硕指着售票处问："那个叔叔为什么买不了票啊？"爸爸说："因为他的个人征信不好，个人信用评分太低，所以被限制出行了。"

　　小硕又问："个人征信是什么？"爸爸解释说："是一种评估个人信用状况的工具。如果一个人向银行贷款，迟迟没有还款，那么银行会将他的不按时还款信息录入征信系统，类似的行为越严重，这个人的信用评分就越低，一旦失信，将导致十分严重的后果！"

你必须要知道的！

1 征信是指根据用户的需求，法定机构对企业、事业单位等组织或个人的信用信息进行采集、整理，并提供给用户的活动。

2 信用评分是专业信用评估机构对个人信用信息进行分析后开出的"成绩单"，它反映了一个人的信用水平。

3 除了信用卡逾期不还、欠债过多等行为，即使是拖欠水费、电话费这种"小事"，也可能影响我们的个人征信。

网络领域也有征信

征信报告记录了个人与金融机构间信贷交易的历史信息，但有的人没有信用卡，也没贷过款，自然就没有征信报告。为此，众多金融机构联合组建了一个巨大的市场化征信机构——百行征信，它可以在网络领域评估人们的信用。

个人征信报告包括哪些信息

　　征信报告，也叫信用报告，它记录了人们在金融机构（如银行、贷款机构等）的信用行为和还款记录等信息，是伴随人们一生的"信用记录员"，也被称为个人的"经济身份证"。征信报告包含哪些内容呢？我们一起来看看吧！

信息类别	具体内容
基本信息	姓名、证件号码、家庭住址、职业信息等。
信贷信息	贷款银行、贷款金额、还款金额、贷款余额、是否按时还款等。
非金融负债信息	先消费后付款形成的信息，如电信缴费等。
公共信息	社保信息、公积金信息、法院信息、欠税信息、行政执法信息等。
查询信息	过去2年内，何人、何时、因为什么原因查过此人的信用报告。
其他信息	公共事业缴费信息、住房公积金缴存信息、社会保障信息、法院民事判决和欠税等公共信息。

敲重点！我来支招

1 　我们未成年人是没有征信报告的，但个人信用会对我们的日常生活产生很大的影响，因此我们应该从小就注重培养"信用意识"，好的信用记录对我们以后的生活十分重要。

2 　为了避免爸爸妈妈的征信报告出现污点，我们有必要提醒爸爸妈妈注意信用行为，如及时还款、不要超额使用信用卡等。

一纸值千金的支票

一天，爸爸带着安然去商场。收银台前，一个衣着靓丽的女士正在结账。只见那名女士从钱包里拿出一张纸条，在上面洋洋洒洒地写了几笔，潇洒地递给了收银员。

安然好奇地问："爸爸，那个阿姨为什么用一张纸条结账啊？"爸爸说："那是支票，是一种由银行发行的支付工具，在进行大额交易的时候，只需在支票上填上数字，再签上自己的名字，就可以进行支付。"

安然惊讶地说："支票真神奇啊！"

你必须要知道的!

1 支票是由出票人签署并发给收款人的凭证。收款人可以凭借支票在银行等金融机构进行兑现。支票兑现后,收款人就可以在自己的银行账户中取得对应的金额。

2 申办支票并不麻烦,只需要向银行提出申请并提交相关证件、开立支票存款账户并存入一定资金、预留本人签名等即可。因此,支票在企业间、个人间被广泛使用,特别是在大额支付时非常方便。

3 支票有记名支票、不记名支票、现金支票、银行支票等,每种支票都有其特点和适用范围。

为什么商家更乐于 接收个人支票?

虽然刷卡支付十分方便、潇洒,但使用银行卡时,商家要为此向银行支付一部分手续费。而且,在一些没有刷卡设备或自助取款机的地方,商家无法接受刷卡支付。而使用支票支付,商家无须负担费用,因此许多商家更愿意接收个人支票。

现金与支票的优缺点

支票看起来就是一张薄薄的纸片，而且使用起来也并不麻烦，那为什么我们在超市、菜市场购物的时候没见到有人使用支票呢？

虽然支票很好用，但它也并非绝对方便的支付工具。实际上，现金与支票各有优缺点，二者是不能相互取代的，下面我们来看看二者的优缺点吧！

	现金	支票
适用场景	小额支付、日常消费。	大额交易、商业转账。
优点	使用广泛、灵活、方便。	携带方便，易于进行大额交易。
	便于控制支出。	避免假钞和失窃，安全性高。
缺点	大额不便携带。	银行需要对支票进行审查，到账时间长。
	安全性较低、有假钞风险。	有效期短，需要及时兑换。

敲重点！我来支招

1 在签发支票时，金额不能超过出票人在银行的存款额，否则会变成空头支票，会给银行以及出票人带来很大的麻烦。

2 支票付款的有效期只有 10 天，从签发支票的次日算起，收款人必须在 10 天内兑现支票，否则可能会被银行拒收。

足不出户也能 "进" 银行

　　"好，我这就转账给你，你的银行卡号发给我。"妈妈挂断电话说，"你小姨让我转账给她呢。"小彦说："可是现在外面太热了，不适合出门啊。"妈妈说："不用出门，在网上就能办。"

　　小彦问道："真的吗？银行卡转账不是要在银行办理吗？"妈妈说："现在有网上银行，银行的业务在网上就能办理了！"

　　"哇，银行都开到网上了，真厉害啊！"小彦惊讶地说，"妈妈，您快给我也开通网上银行吧！"妈妈摆摆手："不行哟，未成年人虽然可以办银行卡，但是不能开通网银。"

你必须要知道的!

1 网上银行又称网络银行,是指银行通过网络向客户提供开户、查询、转账等相关服务的一种方式。相当于银行在互联网中开设的虚拟柜台。

2 网上银行有两种形式,一种是没有实体机构、仅存在于互联网的电子银行;一种是传统银行利用互联网开展在线服务,这是最常见的形式。

3 在各个网上银行办理业务的流程相差无几,但不同银行网上银行的页面、操作方式等会有一些区别。

手机银行

手机银行,是指银行通过智能手机向客户提供服务,是网上银行的形式之一。如今,几乎人人都有智能手机,手机银行也得以快速发展。手机银行比网络银行更加方便,随时随地都能进行查询余额、支付、转账、理财投资等操作。

网上银行的**优势**

随着网络、智能手机的快速发展，越来越多的人在办理银行业务时不必再前往银行网点，只需要通过电脑、手机等设备就可以进行各类银行业务的操作。为什么网上银行这么受欢迎呢？它有哪些优势呢？一起来看看吧！

优势	描述
无纸化交易	电子支票、电子汇票、电子货币替代传统票据和纸币，纸质文件变为网络数据。
方便快捷	无须前往银行网点即可享受全方位、方便、快捷、高效、可靠的服务。
经营成本低廉	采用多种先进技术，在不降低业务量的情况下减少营业点数量，降低了银行的经营成本。
简单易用	界面设计简单，业务、功能区分清晰，操作流程简化。
扩大客户群体	不受地域和时间限制，利于吸引和保留客户，扩大客户群体。
个性化服务	利用互联网和银行支付系统，提供个性化金融服务，满足多种需求。

敲重点！我来支招

1 通常来说，银行是不能给未满16岁的人开通网银的，但我们可以提前了解网银的使用方法。

2 为了保证银行账户的安全，我们在注册网银账户时，一定要使用复杂性强的密码，并经常更改密码。

3 养成定期查询网银账户的习惯，例如开通短信提醒服务功能，及时了解账户动态等。

银行是个**好帮手**

　　周末，遥遥正在家和妈妈看电视，突然，电视屏幕黑了，家里的灯和空调也关了。"哎呀，怎么突然停电了？"遥遥喊出声来。妈妈急忙打开电表箱检查，然后摇摇头说："咱们家的电费用光了。"

　　遥遥担心地说："现在是晚上，物业已经下班了，该去哪交电费啊？"妈妈淡定地拿出手机看了看，然后说："原来是银行卡里的余额不足了，所以银行没能替咱们付电费。"

　　遥遥问："银行为什么要替咱们付电费？"妈妈解释说："因为咱们办理了公共事业缴费业务，在我们需要缴纳水、电、煤气等费用时，银行就会从我们的银行卡中扣款并替我们缴纳。"

1 银行比我们想象的还要"神通广大"，除了存钱、取钱、贷款外，银行还可以替我们缴纳水、电、煤气等费用，是人们生活的好帮手。

2 公共事业缴费业务是指持卡人通过银行与公共事业单位（比如供电局）签订协议，银行通过从持卡人的银行卡中自动扣款的方式代替持卡人向公共事业单位缴纳相关费用的业务。

3 除了公共事业缴费，近年来，银行还推出了许多其他便民的服务项目，如网上购物、购买电影票和火车票等。

公共事业一般指负责维持公共服务基础设施的事业，包括供电、供水、燃气供应、有线电视、宽带等。广义的公共事业指面向社会、不以盈利为主要目的、通过提供各种服务以满足社会公共需要的社会活动，包括市政公用设施、公共交通、环卫、市政工程管理在内的所有公共活动。

如何办理银行代缴业务

在以前，人们缴纳水、电、燃气费等往往要去物业、营业网点等现场办理。而有了银行代缴业务，人们就省心多了，在很大程度上还避免了忘记缴纳相关费用的问题。那么该如何办理银行代缴业务呢？很简单，如下图所示：

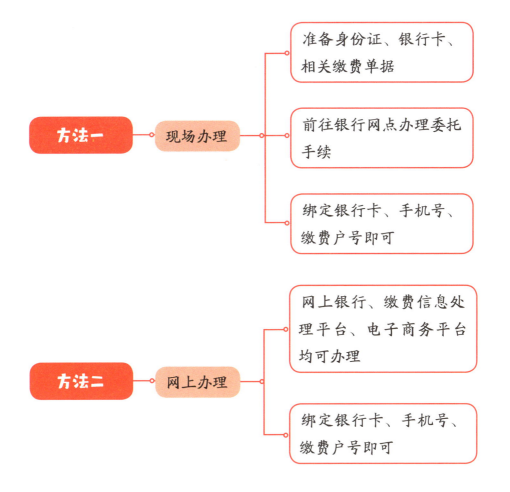

方法一 —— 现场办理
- 准备身份证、银行卡、相关缴费单据
- 前往银行网点办理委托手续
- 绑定银行卡、手机号、缴费户号即可

方法二 —— 网上办理
- 网上银行、缴费信息处理平台、电子商务平台均可办理
- 绑定银行卡、手机号、缴费户号即可

敲重点！我来支招

1 尽量选择在同一家银行将代缴业务办理完善，将常用的扣费项目集中到一个银行账户上，方便我们进行管理、缴费，节省时间和精力。

2 我们可以提醒爸爸妈妈，尽量选择常用的银行卡，如工资卡来办理代缴业务，这样就无须频繁向卡内充值。

3 在使用代缴服务时，要注意核对相关费用的准确性，避免出现错误支付或遗漏支付。

银行的魔术——
创造存款

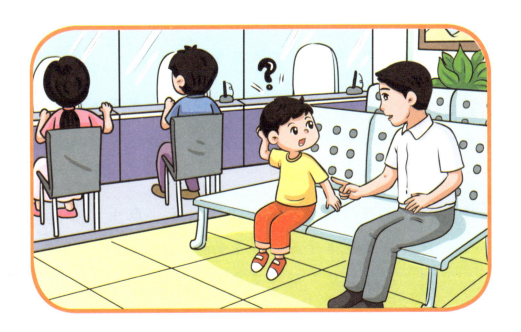

　　周末，小涛和爸爸一起去银行存钱。其间，小涛听见一名柜员对客户说"您申请的 100 万元企业贷款已经办理完成……"而那名客户在办完业务后，并没有取钱就离开了。

　　小涛好奇地问："爸爸，为什么那个叔叔申请了贷款，却不取走呢？是因为钱太多了不好取吗？"爸爸解释说："企业通常都是通过银行账户进行交易，一般不需要将贷款取现。"

　　小涛又问："银行贷款给企业，企业又把钱存进银行，那银行不就凭空变出一笔新的存款了吗？"爸爸说："小涛真聪明，这就是银行'创造存款'的神奇本领。"

你必须要知道的!

1 在交易物品或服务的过程中，货币起到了流通媒介的作用，因此人们又称货币为通货。

2 当银行贷款给企业时，企业的账户中不仅增加了相应的存款金额，同时也会增加相应的负债，毕竟借了钱总是要还的。

3 同一笔货币在银行经过反复存入、取出、借贷，就会产生数倍于其投入量的银行存款，这就是银行"创造存款"的神奇本领。不过，商业银行不能随意、无条件地发放贷款，它受到中央银行的监管和调控。

原始存款与派生存款

　　在经济学中，人们以现金形式向银行存入一笔钱，这笔钱被称为原始存款。而银行会将这笔钱的一部分留作准备金，应对居民取款，其余的部分则用作贷款或投资。客户从银行进行贷款，通常不会全部兑成现金取走，而是转入其银行账户，形成一笔新的存款，这就是派生存款。

商业银行的货币"分身术"

我们已经知道，中央银行会通过商业银行向社会投放一定数量的现金，但这些现金的数量在流通过程中往往会成倍增长。这全是因为商业银行拥有"创造存款"的神奇本领：吸纳一定数量的现金，通过存款和贷款创造出更多的货币。我们一起来看看现金增长的过程吧：

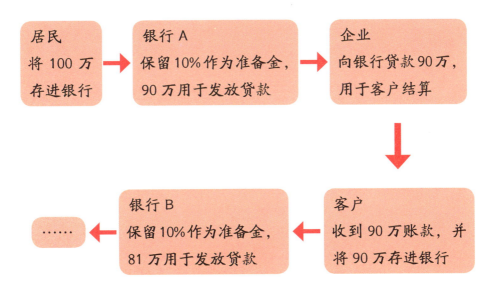

通过上面的例子我们看到，商业银行每收到一笔存款，就会将其中的一小部分存起来，剩下的则用于发放贷款。渐渐地，贷款规模会不断扩大，同时存款规模也会不断扩大。在这个流通过程中，一家银行的 100 万原始存款，在多家银行中竟变成了数倍的派生存款！

敲重点！我来支招

1 我们可以利用课余时间学习货币的供求关系、货币流通等经济学知识，这对我们培养经济意识、提高财商有很大帮助。

2 除了"创造存款"，银行还有许多其他功能或职能，我们可以利用课余时间了解银行的功能和职能，积累相关知识，这对我们培养经济意识、提高财商有很大帮助。

破损的纸币还能花吗

　　这天，东东去超市帮妈妈买东西，作为奖励，妈妈答应东东可以给自己买些零食。结账时，东东的注意力全放在零食上，全然没有发现收银员找给他一张破破烂烂的 10 元纸币。

　　等回到家，东东才发现这事，忙问妈妈："这张钱还能花吗？"妈妈叹了口气说："已经这么破了，估计没有商家会收的。还是拿着它去银行兑换一张新的吧。"

　　东东问："银行会帮我把破损的纸币换成新的？"妈妈说："当然会，每年国家都会通过银行回收许多破损的纸币，而破损严重、无法再利用的纸币则会统一进行销毁。"

1 当我们收到破损的纸币时，可以去银行申请兑换，银行会根据纸币的破损程度无偿为我们兑换崭新的纸币。

2 国家会将回收的废弃纸币销毁，然后再次利用，用于造纸，或者制作燃料等。

3 为了保证人民币的正常流通和人们的正常使用，我国每年都会回收大量破损的纸币，同时补充新的纸币。

破损纸币的兑换流程

当我们去银行兑换破损的纸币时，银行会先对纸币进行认定，然后向我们说明认定结果。如果可以兑换，那么我们就能获得崭新的纸币。如果不能兑换，银行就会把破损的纸币退还给我们。另外，如果我们对银行的兑换结果有异议，可以要求银行出具认定证明并退回破损的纸币，然后将认定证明交由中国人民银行处理。

破损纸币兑换原则

　　为了保护国家财产，同时避免我们的财产损失，我们要及时去银行兑换破损的纸币。可是，只要是破损的纸币银行都会接受吗？并不是，银行是否接受，要看纸币的破损程度。我们可以参考下面的表格，看看家里的纸币还能否拿去银行兑换。

破损程度	能否兑换	兑换面额
剩余 3/4 以上，能按原样连接。	能	按原面额全额兑换。
剩余 1/2—3/4，能辨别面额、能按原样连接。	能	按原面额的一半兑换。
呈正十字形破损，且缺少 1/4。	能	按原面额的一半兑换。
剩余不足 1/2，或图案、文字不能按原样连接。	否	

敲重点！我来支招

1 人民币是国家的财产，也是我们的财富，不管是纸币、硬币，我们都要妥善保管。

2 银行在兑换残损的纸币时，需要用验钞机检验其真伪，如果纸币上有透明胶会导致验钞机检验出错，因此不要轻易对残币进行修补。

3 我们不能为了兑换崭新的纸币，而故意损坏手中褶皱、老旧的纸币。

小心身边的银行卡犯罪行为

　　一天，奶奶接到一通电话，来电人声称自己是警察，说奶奶的银行账户被冻结了，需要向对方提供的账户转账5000元"解冻"，奶奶信以为真。

　　正巧，小浩和爸爸去看望奶奶，小浩看见奶奶着急的样子，就问奶奶要去哪，奶奶便说了事情的经过，小浩听得云里雾里的。

　　爸爸说："这肯定是一起诈骗行为，如果账户有问题，银行会主动联系您，总之千万不要转账。"于是，爸爸选择了报警。果然，警察说这就是电话诈骗，多亏爸爸及时劝阻，奶奶才没有遭遇财产损失。

1 银行卡是具有消费、储蓄、信贷等功能的金融工具，一些犯罪分子为了获取银行卡中的资金，会千方百计地实施犯罪行为。

2 银行卡犯罪是指通过非法手段获取他人银行卡信息，或者利用他人银行卡进行非法活动的犯罪行为，比如银行卡诈骗、伪造银行卡及盗窃银行卡等。

3 随着银行卡的广泛使用，利用银行卡犯罪的案件也逐渐多了起来，因此，我们在使用银行卡的过程中必须提高警惕。

如果我们留心观察，一定会注意到银行卡背面有一条黑色的磁条，那里面存储着持卡人的各种信息。然而，磁条的安全性并不高，容易被磨损、折坏以及"消磁"。因此，从2015年起，我国银行普遍停用磁条卡，改用安全性更高的芯片卡。如果家里还有磁条卡，为了银行卡的正常使用以及资金安全，我们要提醒爸爸妈妈去银行更换为芯片卡哟！

常见犯罪类型的防范方法

银行卡犯罪的手法很多，这里只介绍几种常见的银行卡欺诈手法和防范方法：

犯罪类型	犯罪方式	防范方法
短信、电话诈骗	通过电话、短信编造事实，欺骗持卡人进行转账。	谨慎辨别电话、短信内容，不向陌生人转账。
在 ATM 机上动手脚	制造 ATM 机故障的假象，装作好心人帮忙，趁机将银行卡调包或盗刷。	留意周围的可疑人员，遭遇"吞卡"向客服求助，不轻信"好心人"。
通过网络"钓鱼"	利用电子邮件、黑客软件等引诱持卡人去假冒网站上转账或盗取持卡人的账号、密码。	不点击来历不明的链接，登录时检查网站名称、标识等是否正确，不在公共上网场所登录网上银行。
盗窃信息制造伪卡	盗用、骗取持卡人的账户信息，制造伪卡后窃取持卡人资金。	给银行卡设置复杂的密码，不要用生日、电话号码等作为密码，不向陌生人透露账户信息，定期修改密码。

59

敲重点！我来支招

1 为了资金安全，一定要开通银行卡短信通知服务，一旦发现有异常交易行为，要马上致电银行进行挂失。

2 不要在任何陌生的电子邮件或网页中填写个人信息，如身份证号码、银行卡卡号等，避免信息被盗用。

3 不要随意丢弃交易流水单，避免不法分子利用交易流水单上的信息进行犯罪行为。

于 静◎主编

给孩子的

财商
养成课

我会赚钱了

黑龙江科学技术出版社

HEILONGJIANG SCIENCE AND TECHNOLOGY PRESS

图书在版编目（CIP）数据

给孩子的财商养成课．我会赚钱了 / 于静主编．——
哈尔滨：黑龙江科学技术出版社，2024.5
ISBN 978-7-5719-2376-1

Ⅰ．①给… Ⅱ．①于… Ⅲ．①理财观念—少儿读物
Ⅳ．① F275.1-49

中国国家版本馆 CIP 数据核字（2024）第 079185 号

给孩子的财商养成课．我会赚钱了
GEI HAIZI DE CAISHANG YANGCHENG KE . WO HUI ZHUANQIAN LE

于静　主编

项目总监	薛方闻	
责任编辑	李　聪	
插　　画	上上设计	
排　　版	文贤阁	
出　　版	黑龙江科学技术出版社	
	地址：哈尔滨市南岗区公安街 70-2 号　邮编：150007	
	电话：（0451）53642106　传真：（0451）53642143	
	网址：www.lkcbs.cn	
发　　行	全国新华书店	
印　　刷	天津泰宇印务有限公司	
开　　本	710 mm×1000 mm 1/16	
印　　张	4	
字　　数	41 千字	
版　　次	2024 年 5 月第 1 版	
印　　次	2024 年 5 月第 1 次印刷	
书　　号	ISBN 978-7-5719-2376-1	
定　　价	128.00 元（全 6 册）	

给孩子们的一封信

在一个人的成长之路上，智商和情商十分重要，财商也不能被忽略。财商，简单地说就是理财能力。人的一生处处离不开金钱，想要拥有辉煌人生，就需要正确认识金钱，理性进行消费和投资。这些在经济社会中必须具备的能力不是天生的，而是需要进行后天的学习。

如果不从小培养财商，就会在童年这个最容易塑造自身能力的时期"掉队"，长大后再想弥补，往往可能事倍功半。所以，只有在少年时期就学会与金钱打交道，才能在未来更好地创造财富、驾驭财富，成为金钱的主人。

为了响应素质教育的号召，培养智商、情商与财商全面发展的新时代少年，我们编著了"给孩子的财商养成课"丛书。在这套丛书中，小读者可以了解货币的起源，认识到钱来之不易，懂得理性消费、有计划花钱的重要性，同时还可以对赚钱、投资等进行一次"超前演练"。此外，对金融体系的核心机构——银行，以及一些重要的国际金融理念，这套丛书也进行了一些简要的介绍。整套丛书图文并茂，注重理论与生活实践相结合，力图全方位提升小读者的财商。

还等什么，赶紧翻开这套丛书，开启一段"财商之旅"吧。

目录 CONTENTS

爱钱其实不丢人

　　上周，班里举行了以"我的梦想"为主题的班会。班会上，同学们陆陆续续说了自己的梦想，有人想当航天员、有人想当歌手、有人想当作家……到了孙杰时，他毫不犹豫地说："我的梦想就是赚大钱！"

　　听了孙杰的梦想，同学们都大笑起来，说孙杰的梦想太粗俗了，还嘲笑他是个财迷。没想到孙杰认真地说："我家里有个生病的奶奶，还有个即将上学的妹妹，爸爸妈妈的经济压力很大，所以我想赚大钱，让爸爸妈妈不再那么辛苦……"

　　就此，老师让同学们展开讨论：爱钱，真的很丢人吗？

你必须要知道的！

1 爱钱是人之常情，只要我们以合法的方式追求和利用财富，就不必感到丢人。

2 爱钱代表我们有了经济意识和独立思考的能力，说明我们已经有了独立实现愿望的想法，这是我们培养财商的好时机。

3 财富不应该是人生的唯一追求，我们也应该注重培养其他方面的能力和爱好。

钱是我们生活中不可或缺的东西，从早到晚，我们无时无刻不在与金钱打交道，金钱的重要性不言而喻。但很多人不能抵御金钱的诱惑，变得贪婪、盲目，形成了歪曲的价值观。对于我们小孩子来说，必须锻炼自己的财商，学会合理地认识、使用、管理金钱，慢慢形成良好的金钱观念，从而抵御金钱的诱惑，成为金钱的主人。

区分"财迷"和"爱钱"

"财迷"往往指那些过度执着或痴迷于金钱的人，他们为了多存钱不惜舍弃生活中其他重要的事物，甚至变得不择手段。而"爱钱"通常指一个人对金钱有着较高的欲望和追求。真正的爱钱者，懂得在追求财富的同时，保持良好的人际关系以及生活质量。

他们可能会有以下区别：

财迷	爱钱
盲目贪图小利、不知满足。	能够克制自己的欲望，谨慎对待金钱。
不重视或忽略金钱以外的事物，如家庭、友谊、健康等。	认识到金钱的重要性，也注重家庭、友谊、健康等方面的需求。
为了追求高收益，会进行不理性、高风险的投资。	明白高回报伴随着高风险，会理性看待投资，讲究细水长流。
为了攒钱连正常的消费也极力避免。	会根据自己的财务能力进行合理消费，既不会过于吝啬，也不会过度花费和借债。

敲重点！我来支招

1 爱钱其实并不丢人，但我们要通过正当的方式赚钱。当下我们应该努力学习，提升自己的能力，为将来获得更多机会积累财富做准备。

2 金钱的得来并不容易，我们可以尝试着去赚一些零花钱，这样可以对赚钱深有体会。

3 平时读一些理财类的书籍，试着合理规划和管理自己的"小金库"。

需求就是商机

    周六，一场突如其来的阵雨把正在外面玩耍的小川和小丁淋成了"落汤鸡"，小哥俩被迫在地铁站避雨。其间，很多没带伞的路人也在那里避雨。

    回到家后，小川拿出所有的零花钱，去超市买了许多雨伞。小丁不解地问："你买这么多雨伞做什么？"小川说："最近是雨季，会有很多人需要雨伞的。别人的需求，就是我的商机！"

    几天后，又下起了雨，地铁站里又有许多人在避雨。小川立刻背起一书包的雨伞去地铁站叫卖。即使小川稍微抬高了雨伞的价格，雨伞依旧很快就销售一空，小川也因此获得了一笔可观的收入。

你必须要知道的！

1 在经济学中，需求指的是消费者愿意购买某种商品或服务，下雨天人们需要雨伞就是一种需求。

2 在经济学中，供给指的是生产者提供的某种商品或服务，小川出售的雨伞就是一种供给。

3 商品的价格会受到供给量和需求量的影响。供给量大于需求量时，价格会下降；相反，供给量小于需求量时，价格会上升。

为什么一些商品的价格很少变化？

有一些商品的价格一直非常稳定，比如盐、米、电、天然气、公交车票等。这些商品往往是生活必需品，它们的供需关系一般比较平衡，而且原材料丰富、生产成本相对稳定，涉及民生或公众利益的商品的价格还会受到政府的干预。

身边处处有商机

下雨了要打伞，天冷了要戴手套，运动后想喝水……这些我们习以为常的现象，在高财商的人眼中则是一个个商机。我们平时应该多多关注身边人的小小需求，从中找到一些商机，开启自己的"致富之门"！下列场景中藏着哪些商机呢？试着写一写吧！

场景	人群	需求	商品
雨中的地铁站	上班族、学生	避雨	雨伞
夏天的运动场			
冬天的校门口			
熙熙攘攘的车站			
小区门口			

敲重点！我来支招

1 定价时要考虑成本和市场需求，确保定价合理，并且能获得一定利润。

2 无论是出售饮品、生活用品还是手工艺品，都要确保产品的质量，尤其要注意食品的卫生和安全。

3 安全第一，我们在人多的场合"做生意"时，要确保自身以及财物的安全。

废品中蕴藏的财富

最近，小伙伴们发现小峰总是一放学就立刻回家，就连他平时最爱的足球也不踢了。有一天，大家发现小峰灰头土脸地在快递驿站附近捡快递纸盒。大家都惊呆了，小帅忍不住上前问："小峰，你为什么在这里捡垃圾？"

"在你们眼里这是垃圾，可对我来说这就是财富。"小峰擦了擦汗，继续说，"几周前，我听说退休的邓爷爷靠卖废品挣了几千块！我才知道原来这些废品也有经济价值，现在我也靠卖废品攒了几百块，厉害吧！"

小伙伴们再次瞪大了双眼，原来废品中真的蕴藏着财富。

你必须要知道的！

1 卖废品并不是什么丢人的事情，在卖废品的过程中我们可以锻炼动手能力、体验赚钱的不容易，还能促成资源再利用。

2 废品价值不能一概而论，比如废铁可以分为薄铁、料铁等，铜可以分为杂铜、紫铜等，不同的材料卖出去的价格也不一样。

3 废品回收站往往会低价购买人们不要的废品，然后进行分类，经过再次转卖就可以获得利润。

　　在平时，我们常常会认为废旧纸箱、废旧金属都是一些没有价值的垃圾，于是选择将它们丢弃。其实，在有财商的人眼中，这些"垃圾"仍然有经济价值。以最常见的硬纸板、塑料瓶、易拉罐为例，如果我们将其做分类整理卖给废品回收站，很容易就能获得不少利润。

废品回收真简单

很多人都觉得卖硬纸板、塑料瓶赚钱又慢又累，即使卖很多也挣不了多少钱，因此对卖废品嗤之以鼻。实际上，只要我们发挥自己的财商，把"废品生意"的规模扩大一些，不再局限于废纸、塑料等物品，那我们的收益来源也会大大增加。

比如别人丢弃的废旧电器里面可能含有铁、铜等金属，只要我们将这些"垃圾"回收，将里面的各种材料分类整理出来，再卖给废品回收站，就能获得较为可观的收益。

生活中还有哪些常见的"垃圾"具有经济价值呢？试着将它们回收起来，变为自己的财富吧！

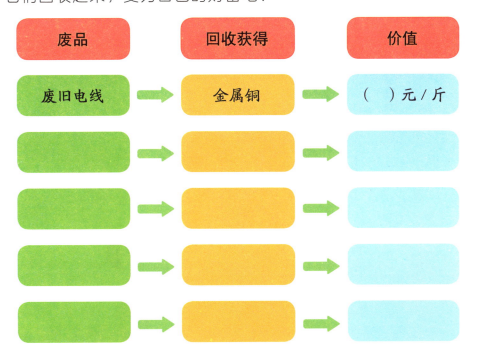

废品	回收获得	价值
废旧电线	金属铜	（　）元/斤

敲重点！我来支招

1 如果我们发现了一些损坏程度并不高的电器等用品，可以将其转卖给二手物品店，赚取一些差价。

2 多和社区或街道的保洁人员聊聊，他们一定知道哪些地方容易获得"废品"，那里就是我们的"聚宝盆"。

3 多在家或社区附近转转，发掘一些"废品"产出量大的地方，比如快递公司、物流站点等。

我学会开网店了

　　这天，小姨来到思琦家做客，给她带了一大包零食，思琦高兴极了。思琦妈妈说："这么多零食一定没少花钱吧，你也不知道省着点花。"小姨摆摆手："没花多少钱，我现在开网店卖零食，这些都是我自己进的货，便宜得很！"思琦问："小姨，网店是什么？"小姨解释道："网店就是互联网上的店铺。开了网店后，我们不用东奔西跑，足不出户就能挣钱呢！""小姨，我能和你学开网店吗？我也想足不出户就能挣钱。"思琦追问。小姨说："你还小，至少要16岁才可以开网店。不过，我可以提前教你如何运营网店哟！"

你必须要知道的！

1 与实体店不同，开网店不需要租赁店铺、现场接待客户等，只需一台电脑，基本业务通常都可以通过互联网进行，非常省力。

2 不同类型的网店，经营方式不同，有的网店需要店主自己进货、营销、发货等，而有的店铺只需要处理客服信息和订单。

3 根据相关法规，我们必须年满16周岁才能开网店。在此之前，我们可以跟在家长身边学习开网店及经营网店的相关知识。

网店和实体店的区别

网店与实体店相比，最大的优势就是方便，人们足不出户就能轻易买到想要的东西。而且实体店的顾客范围通常局限在某个区域，而网店则没有这方面的限制，因此网店店主不需要用吆喝、叫卖等方式吸引顾客，只要想办法在网上吸引顾客消费就可以了，因此开网店其实算是"脑力劳动"。

经营网店并不简单

电商平台这么多，我们要选哪个呢？

要根据我们的能力、平台竞争情况、平台收费标准等多方面综合考虑，选择"门槛"较低的平台。

店铺创建完成啦！我们是不是可以开始卖东西了？

先别急，新店开业需要好好"装修"一番，突显出网店的特色，这样才能吸引顾客消费。

好多顾客在后台问问题，我回答不过来了怎么办啊？

我们可以开启智能客服功能，它会自动帮我们回答一些简单的问题，当问题"超纲"了，它会提醒我们介入哟！

有顾客下单了，我要怎么给他发货呢？

这时候就要通知厂家打包商品，然后通知快递公司前去取货。如果是自己经营的网店，那我们就要自己打包商品，然后联系快递公司寄件。

看来经营网店并不简单啊！

你可以在课余时间学习经营网店的知识，等你长大后就能自己挣钱了！

15

敲重点！我来支招

1 顾客通常不会主动找某个网店去消费，为了吸引更多顾客，店主要想办法提高网店的曝光度。

2 开网店需要时时刻刻关注平台动态，留意订单信息和客户咨询等，以免错过商机。

3 上架商品时，不要随意起名，而是要选择一些利于推广、能够吸引顾客的关键词作为商品名称。

二手交易，
一举多得

　　随着年龄增大，何帅渐渐对自己的汽车模型失去了兴趣，开始喜欢拼图、魔方一类的益智玩具。于是，何帅和爸爸商量，想要把不喜欢的玩具都丢掉。可是，何帅的玩具足有两大箱，全部丢掉太可惜了，于是在爸爸的提议下，何帅在小区里摆了个小地摊，还支起了"出售二手玩具"的招牌。同时，何帅也欢迎别的小朋友用益智类玩具来交换。

　　接下来的几天里，何帅的小地摊陆续来了许多"顾客"，他不仅很快就将自己的玩具成功"清仓"，赚了不少零花钱，还收获了许多梦寐以求的益智类玩具。

你必须要知道的!

① 在二手交易中,我们不仅要先评估自己玩具的价值,还要与其他小朋友讨价还价,这些都是重要的财商技能。

② 在交易过程中,我们会渐渐培养出财富观念、金钱意识等,从而学会管理金钱。

③ 交易也是一种社交活动,在和其他小朋友进行交易时,我们的语言表达能力可以得到提升,还有机会结识更多的新朋友。

为什么许多电器商家开始回收旧电器?

首先,商家将旧电器回收并拆解后,可以回收其中的塑料、铜、铁等可以循环使用的材料。其次,一些旧电器中的零部件经过修复或翻新后可以重新投入使用。此外,为了响应国家节能减排的政策,电器商家需要避免被遗弃的旧电器造成污染和浪费。最后,回收旧电器的行为还能树立良好的企业形象,吸引更多顾客。

二手交易为何盛行

　　现在国家倡导可持续发展和资源回收利用，人们越来越喜欢进行二手交易。这主要是因为人们的环保意识提高了，更重视节约资源。同时，通过出售二手物品还能在一定程度上"回血"。而且，现在许多人在购买商品时重视质量，一些商品使用一段时间后质量仍然很好，这也给二手交易提供了机会。

　　想一想：我们生活中有哪些二手物品可以卖出去赚零花钱呢？可以卖给谁呢？

物品	程度	交易对象
一套漫画书	九成新	同学小浩

敲重点！我来支招

1 在出售二手物品前要了解物品的市场价值，根据物品的完整性和质量做出合理的定价。

2 在交易前要确保对方值得信赖，明确交易条件，避免出现不必要的麻烦。

3 在购买别人的二手物品前，要仔细检查物品的质量和完整度，避免买到有缺陷或不符合期望的物品。

用知识创造财富

  一弘从小就对电脑十分痴迷，年纪小小的他已经掌握了非常丰富的电脑知识，他不仅了解复杂的电脑构造，还学会了组装电脑、安装系统等技能，俨然是大家眼中的电脑高手，许多同学、邻居的电脑出问题时都找他帮忙。

  一弘还有一定的商业头脑。他将各类电脑服务制成价格表，把自己的微信名片推广到朋友圈中，有偿给大家提供上门服务。大家得到他的帮助后，看着这个年纪轻轻的电脑专家，都愿意支付他劳动报酬。

  一个暑假过去了，一弘凭借自己的电脑知识帮助了许多人，还攒下了几百块零用钱，令身边的小伙伴羡慕不已。

贸易本质是一种交换活动。由于不同的人具备不同的知识、技能或资源等，这些他人不具备的特点形成了他们在贸易中的竞争优势。借助这些优势，人们可以自由地进行货品或服务的交换，从而推动了贸易的发展。

金钱是贸易的媒介

在远古时期，人类最原始的贸易形式是物物交换，即双方直接交换所需的物品。后来，原始人类使用贝壳作为最初的货币，使贸易行为变得更加便利和频繁。到了现代，人们普遍使用金钱、电子货币等货币形式作为贸易的媒介，极大地简化和推动了贸易的发展。

生活中的**贸易行为**

在现代社会中，不同行业或领域的人群所具备的知识、技能越来越专业化，人们往往只擅长某一个领域中的工作，因此，人们必须通过贸易行为提供自己擅长的知识或服务，从而获取需要的物品或财富。

贸易使得各个领域的人能够相互合作，让社会变得繁荣、有序。生活中有哪些常见的贸易行为呢？试着写一写吧。

贸易 行为	专业 人才	提供 物品	需要的物品 或服务
学生上学	老师	学费	知识

敲重点！我来支招

1 当我们具备一些专业知识或技能时，可以在家长的指导下大胆尝试，找到合适的创业领域，为自己创造财富。

2 在创造财富的同时一定不能忽略个人的学习与成长。

3 即使无法在短时间内获得收益，也不要轻言放弃，可以借此机会锻炼自己的专业技能、社交能力等。

创新创造财富

　　最近正值雨季，同学们上学时都要带着雨伞，可是，雨伞的存放成了让大家头疼的问题：如果集中摆放在箱子里，大家的雨伞大小不一，总是东倒西歪的；如果让同学们放在自己身边，雨伞上的雨水又很容易弄脏地面。

　　小飞发现了这个问题，他开动脑筋，用饮料瓶和储物箱制作了一个雨伞存放箱。这个存放箱不仅分隔明确，而且还不会漏水，受到了同学们的一致认可。班主任还把这个小发明推荐给了其他班级，许多老师都慕名而来，小飞一下子收到了许多"订单"。就这样，小飞凭借自己的创新能力收获了人生第一笔财富。

1 创新是人类进步的源泉，也是创造财富的关键。当我们通过思考创造出独特的产品或服务时，我们就能为自己创造商机。

2 创新可以是发明新产品，也可以是对现有产品进行改良，比如提升产品品质、简化使用方法等。

3 创新不是凭空想出来的，而是需要结合实际的问题或需求，找到解决问题的有效途径。

专利是受法律保护的发明创造。当我们拥有一个独特的发明或创意时，可以通过申请专利来确保我们的权益。专利保护不仅可以防止他人盗用我们的创新成果，还能给我们带来经济效益。如果别人想要使用我们的专利，必须与我们达成协议。如果有人未经许可擅自利用我们的专利赚钱，那么他将面临法律的制裁。

26

创新需要日积月累

　　创新并不是偶然发生的，而是在长期的学习、思考和实践过程中形成的结果。因此，想要进行创新，必须有足够的知识储备，对我们所学的东西有深入的了解。另外，我们还要有开放的思维，不断观察身边的人和事，并多多了解他人的需求，从而激发更多的创新灵感。

　　想一想：自己最喜欢哪些领域的知识呢？在此领域有没有新奇的想法呢？将它们写下来！

我喜欢 / 了解 / 擅长的	新奇的想法

敲重点！我来支招

1 善于发现

想要实现创新，我们必须有一双善于发现的眼睛，时刻关注身边的问题和需求。

2 多思考，多实践

多提问，多尝试，遇见问题时，多找几种解决方案。产生独特的想法或创意后，我们可以向家长和老师求助，将创意付诸实践。

3 不忘初衷

牢记初衷，创新不仅仅是为了赚钱，更是为了改善我们的生活，为他人创造便利。

向爸妈 "讨工资"

　　一天，小森和小伙伴们一起相约去踢球。大家玩了一下午后，全都大汗淋漓，口渴不已，小森提议大家一起去买冷饮。小伙伴们齐声同意，于是来到附近的冷饮店中。可是，看见冷饮店的价目表，小伙伴们一个个面面相觑，没了刚才的兴奋劲儿。

　　这时候，小森得意地举起手机，说："我有钱，我请大家喝饮料！"小伙伴们惊讶地看向小森，问他哪来这么多零花钱。小森自豪地说："这可不是零花钱，这是我通过帮爸妈做家务赚来的'工资'！"

　　小伙伴们终于喝到了冷饮，同时又对小森自食其力的行为钦佩不已。

① 做家务可以从小事做起，比如洗碗、拖地、浇花等，逐渐锻炼我们的自理能力。

② 承担家务劳动不仅可以赚零花钱，还能培养我们的家庭责任感，让我们理解爸爸妈妈的辛苦，从而养成良好的金钱观念。

③ 通过劳动赚取零花钱，可以让我们明白理财的重要性，树立自食其力的意识。

　　不过，我们应该注意，并非所有的家务劳动都应该得到报酬。一些基本的家务劳动是每个家庭成员本应承担的责任，不应该拿来换取金钱。我们要根据实际情况来区分哪些是属于自己个人的劳动，哪些是为了家庭共同利益所做的贡献。只有为了家庭所做的事情，才能和爸爸妈妈商量报酬。

有付出才能**有收获**

工资是以货币形式支付给劳动者的劳动报酬。当我们的零花钱不够时，就可以通过劳动的形式从爸爸妈妈手中赚取工资。通过劳动，我们可以获得经验、提升技能，还能收获成就感和满足感。

为了更好地培养理财能力，我们可以和爸爸妈妈共同制订一些合理的劳动任务及奖励方案。你还有哪些好方案呢？在下面写一写吧！

帮助对象	劳动项目	锻炼能力	报酬
爸爸	擦车	耐心	20元

敲重点！我来支招

1 平时多留心观察，有哪些家务是我们力所能及而爸爸妈妈又不一定有时间做的，这些就是我们最好的选择。

2 打扫卫生、整理房间时，我们可以将废纸板、塑料瓶等集中起来卖给废品回收站，这也是一笔很好的收入。

3 我们可以试着拓展自己的"工作范围"，利用课余时间帮助邻居做一些力所能及的事情。

我也能靠特长赚钱吗

  楠楠从小就有画画的特长，在大大小小的绘画比赛中拿过许多奖，是人人皆知的"画画神童"。

  有一次，舅舅来楠楠家做客，在大人们的谈话中楠楠得知，舅舅所在的出版社需要一名插画师制作插画。楠楠激动地向舅舅举荐自己，还拿出自己的画作和奖状炫耀。舅舅惊叹于楠楠的绘画水平，第二天就发给楠楠一份画图要求。

  接下来的几天，楠楠利用课余时间"埋头苦画"，她的插画令大人们感到惊艳，最终得到了出版社的认可，楠楠因此获得了一笔数额不小的稿费。

你必须要知道的！

1 个人收入是指个人从各种途径获取的收入，包括工资、奖金、专利费及存款利息等。

2 稿费也叫稿酬，是指个人为新闻、出版机构提供作品而获得的报酬。

3 爸爸妈妈需要靠上班赚取工资，上班是有年龄要求的。而给出版社投稿则没有年龄限制。

　　我们的零花钱，通常都是爸爸妈妈辛苦赚来的。如果我们能通过自己的特长获得一些经济收入，不仅能在一定程度上缓解家庭经济压力，还能培养我们的独立性、金钱意识及理财能力，使我们不再依赖爸爸妈妈，那真是一件了不起的事！

从"一技之长"到"一笔财富"

　　每个人都有自己的特长，如果我们能发现或培养出自己的特长，凭借这些特长为自己赚钱，将是一件很有益的事情。比如在数学比赛中赢得奖金、向报社投递自己的文章获得稿费等。想一想：自己有哪些特长呢？这些特长能否应用到生活中并获得财富呢？试着写下来。

我的特长	我能做的	赚钱方案

敲重点！我来支招

1 一个高财商的人会主动观察市场需求，并判断自己是否具有这种能力，从而有针对性地将自己的特长变为财富。

2 为了更好地发挥自己的特长，我们一定要多倾听他人的建议，从而提高自己。

3 我们应该不断提升自己的特长或技能，让自己更有竞争力。

我也能去**摆摊**吗

　　自三年级开始，学校开展了劳动与技术课。在课上，雪晴学会了绳艺、泥塑、木工等技能。心灵手巧的雪晴在学习的过程中和闲暇时间制作了许多精美的手链、钥匙链、首饰盒、小摆件等。

　　雪晴的小作品越来越多，自己的房间都快放不下了。偶然的一天，雪晴在电视上看到了有关"地摊经济"的新闻，她灵机一动，想出了摆地摊的点子。在爸爸的支持下，雪晴很快在小区周边"开张"了。出乎雪晴的意料，她的小作品很受欢迎，没过几天就销售一空。从此雪晴更加喜欢做手工，慢慢地实现了"零花钱自由"。

你必须要知道的!

1 只要在指定的时间和地点摆地摊，就不需要办理营业执照或经营许可，所以我们小孩子也可以摆摊赚钱。

2 摆摊的时候，需要与形形色色的人打交道，这有助于锻炼我们的社交能力，加深我们对社会的了解。

3 摆摊经营可以锻炼我们的口才、理财能力、规划能力等，提高我们的财商和经商能力。

摆摊真的不光彩吗?

有些小伙伴可能认为摆摊是一件不光彩的事情，这种想法是不对的。我们应该清楚，任何职业都没有高低贵贱之分。只要是符合法律法规，凭借自己的努力赚的钱，就没有什么不光彩的。如今，在"地摊经济"的热潮中，许多没有固定工作或希望获得更多收入的人都通过摆摊获得了不少财富。总之，摆摊作为一种经济活动，不应被贬低或歧视。

提高地摊的附加值

　　地摊经济，是指通过摆地摊获得收入来源而形成的一种经济活动。但简陋、普通的小摊很难吸引到顾客，为此我们必须想办法提高地摊的附加值，让我们的小摊变得更加独特、显眼，比如装饰一些小彩灯、播放有特色的吆喝声等。

　　还有哪些好主意可以提高地摊的附加值吗？在下面写一写吧！

装饰小彩灯

敲重点！我来支招

1 在摆摊时，我们一定要注意自己的人身安全，远离人行道、路口等有安全隐患的地方。

2 摆摊的时候要保持摊位整洁，摆放商品要有条理，让顾客能够清晰地看到每个商品。

3 积极克服害羞的毛病，主动与顾客交流，展示商品的特点，尽力吸引顾客。

防人之心不可无

  悦悦从小就有很高的理财意识，她平时会将家里闲置的二手用品摆摊出售。一次，悦悦把自己的钱包拿给爸爸，向爸爸展示自己丰厚的收入。爸爸拿过钱包，看到里面有许多面额不等的纸币，随后爸爸拿起一张格外显眼的100元纸币仔细端详。

  悦悦兴奋地说："这张百元大钞是一个阿姨给我的，她一下子买了3个小摆件，还说把剩下的钱给我当小费呢！"听到这里，爸爸皱起了眉头，把纸币放进家中的验钞机。"滴滴滴"验钞机发出鸣叫，爸爸说："孩子，你让人骗了，这张百元大钞是假的。"

  悦悦瞪大了眼睛，随后爸爸给她讲起了有关假钞的知识。

你必须要知道的！

假钞，也叫假币，指的是按照真币进行伪造或仿制的货币。我们必须知道，制造、使用假钞都是违法行为。假钞的流通不仅会损害我们的财产权益，还会给社会经济秩序造成混乱，甚至导致人们对使用货币产生抵触心理。因此，当我们收到假钞时，要第一时间报警并将假钞上缴给公安机关。当看到别人持有假币时，也应劝其上缴或向公安机关报告。

我国刑法规定，伪造外观上足以以假乱真的货币，破坏货币公共信用的行为，构成伪造货币罪；如果个人明知是假币而故意持有或者使用，并且达到一定数额，那么就构成了持有、使用假币罪。此外，出售、购买、运输假币等行为同样违反了法律。因此，我们在接受和使用人民币时，一定要保持警惕。

辨识假钞有技巧

　　我们在生活中，一定要谨记"防人之心不可无"的道理，收到他人的钞票后，尤其是大面额钞票，一定要注意辨识，以防收到假钞。以第五套人民币为例，下面是几种辨识真伪的方法：

　　透过光线观察人民币左侧的空白处，真钞能够清晰地看到人像以及面额数字的水印。

　　第五套人民币采用了光变镂空开窗安全线设计，改变钞票的观察角度，真钞的安全线颜色会不断变化，亮光带也会上下滚动。

　　用手指轻轻抚摸钞票表面，真钞有明显的凹凸感，而假钞则比较平滑。

　　2019 年版第五套人民币 50 元、20 元、10 元钞票增加了光彩光变面额数字技术，改变了钞票的观察角度，钞票面额数字的颜色会发生变化。

　　2019 年版第五套人民币右侧增添了竖向号码，冠字和数字均为蓝色。左侧横向号码的冠字和前两位数字为暗红色，后六位数字为黑色。

敲重点！我来支招

1 我们在"做生意"时，尽可能提前准备验钞机。如果条件不允许，那就要牢记分辨假钞的方法。

2 警惕"用大钞买小件"的行为，遇见这种情况，我们可以要求对方换面额较小的纸币进行购买。

3 将自己的微信、支付宝收款码打印出来，尽量让顾客选择电子支付方式，从源头避免收到假钞。

免费的饮料也是 用来赚钱的

　　孟飞和爸爸来到一家饭店，老板表示，只要顾客购买套餐就赠送免费续杯的饮料。孟飞果断点了一份套餐，可爸爸并没有点套餐。

　　上菜前，孟飞问爸爸："饭店这样做不怕赔钱吗？"爸爸答道："不仅不赔，还会越赚越多！一会儿你就明白了。"

　　两杯饮料下肚，孟飞抚着肚子说："早知道不点套餐了，我本就吃不下这么多食物，喝了两杯饮料后，更吃不下下了。我是不是中了商家的套路？"爸爸解释说："是的，商家免费赠送几杯饮料，却能赚到一份套餐的钱。在经济学中，这叫'边际收益'。"

你必须要知道的!

1 饮料不仅材料成本非常低,而且制作省时,人力成本也很低,是许多饭店非常喜欢的"吸金利器"。

2 即使是胃口很好的人,喝下三四杯饮料也就差不多饱了,饭店不会损失太多。而我们可能明明不打算买套餐,现在却愿意主动消费一份套餐。

3 商家此举正是利用了人们喜欢占便宜的心理。

惠民饭店

饮料免费

　　"边际收益"指的是多销售一单位商品所带来收益的增加量。商家追求的是利润最大化,只有当边际收益大于边际成本时,商家才能获得利润。为此,许多商家会选择提供赠品来吸引顾客消费,比如免费 WiFi、免费糖果等,因为这样能够为他们带来更多的利润。

46

边际逻辑套路多

　　商家常常利用边际收益与边际成本的原理来制定营销策略，只需要付出很少的边际成本就能获得很多边际收益。

　　原来饭店提供免费的饮料是为了吸引我们多消费。

　　没错，这就是一种边际逻辑，活用边际逻辑来思考问题不仅可以帮我们看清生活中的隐藏"套路"，还可以训练我们的财商！

　　这么说，妈妈买化妆品时，柜台总提供免费试用装也是"套路"！

　　没错，我们平时用的一些手机软件会提供会员试用服务，这也是"套路"。

敲重点！我来支招

1 我们在"做生意"时，也可以活用边际逻辑，尽可能提供一些优质的赠品或服务，从而吸引顾客持续消费。

2 制定一些策略推广自己的商品或服务，如发朋友圈集赞赠送小礼品、第二件半价等。

3 给产品设计精美的外包装，吸引一些有好奇心、喜欢拍照的顾客。

信息差就是"财富密码"

　　楚然的妈妈是小学英语老师，楚然很早就知道三年级就要开始学英语了，于是她在二年级的暑假就已经提前学习了许多英语课程。她发现，对于小学生来说，背单词往往是一大难题，不过，在妈妈的帮助下，楚然制作了许多生动有趣的单词卡，方便理解和记忆。

　　果不其然，开学后，同学们都对背单词感到头疼，纷纷向"学霸"楚然请教。楚然敏锐地嗅到了这其中的商机，她将自己的单词卡制作成套，复印了许多套并卖给同学们。楚然不仅帮助同学们解决了背单词的难题，还凭借信息差赚取了人生的第一桶金。

你必须要知道的！

1 在信息化时代，如果我们能掌握其他人不知道的信息并将其利用起来，就有可能获得不菲的财富回报。

2 多与他人分享信息，不仅能锻炼我们的社交能力、与他人的协作能力，还能让我们在交流中获得新的财富信息。

3 小学生普遍有着很强的好奇心，而学校则是一个很好的交流平台，非常适合我们相互交流、分享信息。

抓住隐藏的"财富密码"

许多看似平常的信息中可能就隐藏着"财富密码"，然而，只有少数高财商、敢实践的人才能抓住机会。大多时候，我们和其他小朋友之间的信息差很小，"财富密码"藏得很深，这就需要我们锻炼自己的市场洞察力，丰富自己的知识，这样才能提高发现商机的概率。

从信息中发掘财富

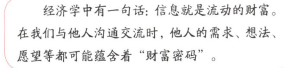

经济学中有一句话：信息就是流动的财富。在我们与他人沟通交流时，他人的需求、想法、愿望等都可能蕴含着"财富密码"。

我们小孩子每天聊的都是些玩具、动画，这些话题中也有"财富密码"吗？

当然，别的小伙伴想要你的某个玩具，这对你来说就是一次商机。

原来如此，那我要多和小伙伴们交流，争取多获得一些"好信息"！

寻找机遇的时候也要留意潜在的风险，保护好来之不易的财富。

敲重点！我来支招

1 我们掌握了他人没有的信息，就有可能获得财富，我们可以通过出售信息的方式赚取报酬。

2 作为学生，我们的主要任务是学习，在寻找财富信息的时候切记不能占用过多的学习时间和资源。

3 "搜商"（获取信息的能力）是一项重要的智力因素，搜商高的人会积极寻找信息差，从而获得更多的财富信息。

这些"财路"不可取

一天，妈妈正在替轶夫整理书包，妈妈发现，轶夫的书包中有好几本写着不同名字的数学作业本，还有很多零钱。于是妈妈叫来轶夫，严肃地问："这是怎么回事？"

轶夫骄傲地说："我最近一直在帮同学们写数学作业，写一次同学就付我5元钱，所以我赚了这么多钱。怎么样？我有财商吧！"

妈妈听完，没有急着批评轶夫，而是耐心地说："小夫，你有财商妈妈很高兴，但你应该明白'君子爱财，取之有道'的道理。用这种方式你虽然能赚到钱，但是会失去更多的东西……"

你必须要知道的！

1 有些赚钱的方法看起来没什么不妥，实际上是不对的，甚至可能是违法的。由于我们年纪还小，对于道德、法律的理解并不深刻，为了避免犯错，我们一定要征得父母的同意再执行自己的赚钱方案。

2 帮助人是对的，通过帮助别人为自己谋取一些利益也没有问题，但我们不能利用不道德的手段赚钱。

3 不道德的行为不利于我们形成正确的道德观念，还可能给别人留下不好的印象，影响我们的人际关系。

道德是商业活动的基石

生活中，道德是人人都应遵守的行为准则，但是一些商家或企业为了利益，做出了许多不道德甚至是违反法律的行为。比如销售伪劣产品、夸大产品功效或虚假宣传等欺诈行为，还有恶意抹黑竞争对手、通过不正当手段排除竞争对手、操纵市场价格等违反公平竞争的行为。

在追求财富的过程中，我们应该始终遵循诚信、公正原则，坚决不能做出不道德的行为。

取财的"道"和"度"

　　追求财富是每个人的权利，但财富的追求必须建立在合乎法律与道德的基础上，注意取财的"道"和"度"，既不能违法乱纪，也不能因为过分追求财富而忽视道德。

　　我们从小就被教导要尊重他人的权利，不能为了一己私利做出违反道德、诚信、公平的事情，这也是财商的重要体现。然而，生活中的确有个别商家为了赚钱不择手段，比如使用劣质或不合格的食材、虚假宣传产品功效、缺斤短两等。生活中还有哪些类似不可取的"财路"呢，将它们记下来，切记不能效仿这些行为哟！

地点	无良商家	不良手段	坑害对象
学校门口	铁板烧	使用地沟油	学生

敲重点！我来支招

1 如果我们不能判断自己的赚钱行为是否合理，要及时向爸爸妈妈提问，确保我们不会做出错误的事情。

2 我们要从小锻炼自己对于金钱的抵抗力，千万不能让自己掉进"钱眼儿"里。

3 我们平时应该多留意商家的不法行为，及时告知家人并向相关部门举报。

我也能 "炒鞋" 致富吗

　　一天，博威去表哥家玩。他看到表哥家里堆满了鞋盒，里面都是新款球鞋。博威问表哥为什么买这么多鞋，表哥得意扬扬地说："不懂了吧，这叫'炒鞋'，这些球鞋都是我暂时屯着的，等哪款鞋涨价了，我就把它卖给别人。我已经用这招赚不少钱了！"

　　博威还是不懂，表哥继续说："现在有很多新款球鞋只在网上发售，而且数量很少。我提前托人买来一部分，即使卖得贵也有人抢着买呢！"

　　回到家，博威也要"炒鞋"致富。爸爸却说："傻孩子，'炒鞋'是一种'割韭菜'的投机行为，你可不要轻信啊！"

你必须要知道的！

① 球鞋只是用来穿的商品，而不是用来"炒"的赚钱工具。一些商家使用饥饿营销的方式哄抬鞋价，一些投机分子从中发现了"商机"，从而导致了"炒鞋"热潮的兴起。

② 被"炒"的鞋往往是一些限量版的球鞋，并不是我们日常生活或运动时穿的。

③ "炒鞋"也是个苦差事，"鞋头"们往往凌晨就要去专卖店门口排队，或使用"黄牛"软件在网络平台上抢购。

饥饿营销

"饥饿营销"是一种营销策略，意思是商家通过控制某种产品的数量，营造一种产品十分受欢迎，供不应求的假象，以此来激发人们的购买欲望，让人们愿意花更多的钱去购买这种产品。这种策略常用于限量产品，比如限量版球鞋。还有一些预售活动、限时优惠等也属于饥饿营销。

警惕"割韭菜"骗局

在农业生产中，为了让韭菜长得更好，农民需要不断割掉韭菜顶部。现在，"割韭菜"是网络流行语，通常出现在经济领域，用来形容一些金融机构、组织等诱导甚至欺骗人们进行投资，使自身获得巨大利润，而投资者蒙受损失的行为。许多不法分子喜欢通过虚假宣传、内幕交易等方式吸引人们投资，从而"割韭菜"。

许多人被利益蒙蔽了双眼，从而奋不顾身地加入"炒鞋"的行列，殊不知"炒鞋"也有很多隐患，很容易使我们蒙受巨大损失。

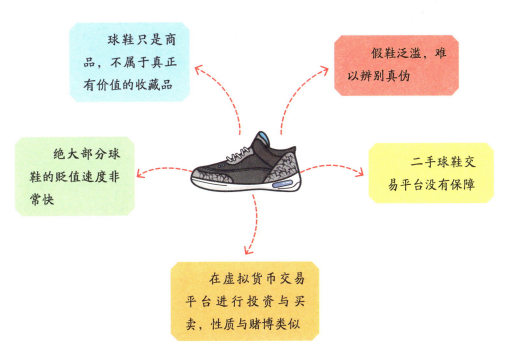

球鞋只是商品，不属于真正有价值的收藏品

假鞋泛滥，难以辨别真伪

绝大部分球鞋的贬值速度非常快

二手球鞋交易平台没有保障

在虚拟货币交易平台进行投资与买卖，性质与赌博类似

敲重点！我来支招

1 购买球鞋应该保持理性，克制攀比心理，量力而行。

2 如果我们手中有他人喜欢的产品，可参考市场价进行交易，不可大幅抬高价格。

3 能够看到"炒鞋"中的商机是具有市场洞察力的体现，但有财商的"小商人"会将其放在真正具有收藏、投资价值的物品上。

给孩子的财商养成课

60

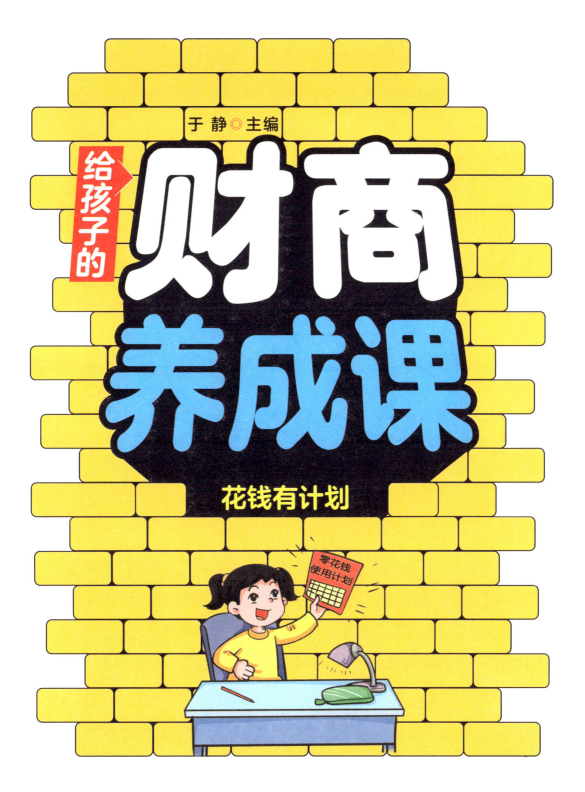

给孩子的

于 静◎主编

财商养成课

花钱有计划

零花钱使用计划

黑龙江科学技术出版社
HEILONGJIANG SCIENCE AND TECHNOLOGY PRESS

图书在版编目（CIP）数据

给孩子的财商养成课．花钱有计划 / 于静主编．--
哈尔滨：黑龙江科学技术出版社，2024.5
ISBN 978-7-5719-2376-1

Ⅰ．①给⋯ Ⅱ．①于⋯ Ⅲ．①理财观念－少儿读物
Ⅳ．① F275.1-49

中国国家版本馆 CIP 数据核字（2024）第 079182 号

给孩子的财商养成课．花钱有计划
GEI HAIZI DE CAISHANG YANGCHENG KE . HUAQIAN YOU JIHUA

于静　主编

项目总监	薛方闻
责任编辑	李　聪
插　画	上上设计
排　版	文贤阁
出　版	黑龙江科学技术出版社
	地址：哈尔滨市南岗区公安街 70-2 号　邮编：150007
	电话：（0451）53642106　传真：（0451）53642143
	网址：www.lkcbs.cn
发　行	全国新华书店
印　刷	天津泰宇印务有限公司
开　本	710 mm×1000 mm 1/16
印　张	4
字　数	41 千字
版　次	2024 年 5 月第 1 版
印　次	2024 年 5 月第 1 次印刷
书　号	ISBN 978-7-5719-2376-1
定　价	128.00 元（全 6 册）

给孩子们的一封信

在一个人的成长之路上，智商和情商十分重要，财商也不能被忽略。财商，简单地说就是理财能力。人的一生处处离不开金钱，想要拥有辉煌人生，就需要正确认识金钱，理性进行消费和投资。这些在经济社会中必须具备的能力不是天生的，而是需要进行后天的学习。

如果不从小培养财商，就会在童年这个最容易塑造自身能力的时期"掉队"，长大后再想弥补，往往可能事倍功半。所以，只有在少年时期就学会与金钱打交道，才能在未来更好地创造财富、驾驭财富，成为金钱的主人。

为了响应素质教育的号召，培养智商、情商与财商全面发展的新时代少年，我们编著了"给孩子的财商养成课"丛书。在这套丛书中，小读者可以了解货币的起源，认识到钱来之不易，懂得理性消费、有计划花钱的重要性，同时还可以对赚钱、投资等进行一次"超前演练"。此外，对金融体系的核心机构——银行，以及一些重要的国际金融理念，这套丛书也进行了一些简要的介绍。整套丛书图文并茂，注重理论与生活实践相结合，力图全方位提升小读者的财商。

还等什么，赶紧翻开这套丛书，开启一段"财商之旅"吧。

目录 CONTENTS

不禁用的零花钱

　　一天，东东和乐乐看到街边新开了一家蛋糕店，东东就提议进去买两块。乐乐却拒绝道："不了，我的零花钱不多，买了蛋糕就没法买本子了。"东东豪气地说："那我请你吃好了！"

　　吃完蛋糕后，东东回到家，一看零钱盒，发现自己的零花钱又用光了，他只好找妈妈要。妈妈一听就火了，质问道："这才周三，你就又把一周的零花钱都花完了？"东东说："您再给我涨点吧。"妈妈说："你的零花钱已经涨过一次了，可你还是每周都不够用。这周我不会再给你零花钱了，你自己看着办吧！"东东沮丧地想："零花钱怎么这么不禁用呢？"

你必须要知道的！

1. 说起零花钱，我们都不陌生，就是父母给我们的、我们可以自己支配的钱。父母给我们零花钱，证明我们长大了，会自行消费了。为了不辜负爸爸妈妈的信任，我们应该好好管理我们的零花钱。

2. 故事中的东东之所以每周都提前用光零花钱，是因为他既没有好的消费习惯，也不善于管理零花钱。若是不加节制，多少零花钱也是不够花的。

我们从小就与金钱打交道，而零花钱是我们最早可以自己支配的钱。别看零花钱不多，还是需要进行管理的。有规划地使用零花钱，可以帮助我们养成良好的消费习惯，让我们享受到规划资产的快乐，这些会让我们受益终生。

你是什么**类型**的**消费者**?

如果我们的零花钱总是不够用，那么就有必要分析一下我们是哪种消费类型的人啦。常见的消费类型有以下几种：

序号	消费类型	说明
第一种	冲动消费型	消费时随心所欲，凭心情购买，具有突然性和急迫性。
第二种	过度消费型	总是有超出原计划或超出自己经济承受能力的消费行为。
第三种	模仿消费型	自己没有主见，别人买什么自己就跟风购买。
第四种	理性消费型	有计划、有目标地进行消费。

前三种消费类型都会让我们的零花钱被迅速用光，要想不提前透支我们的零花钱，我们就要做个理性的消费者。

3

敲重点！我来支招

1 为了较好地管理我们的零花钱，我们要学会制订零花钱使用计划，这样就可以提前规划这一周的零用钱该如何使用了。

2 可以将零花钱的使用记录写下来，这样我们就能清楚地知道每一笔钱都花在哪了，并及时调整不合理的部分，就不至于每一周都花超了。

3 如果零花钱真的不够用，我们也可以与爸爸妈妈谈判，通过合理的途径来要求爸爸妈妈增加零花钱。比如，帮爸爸妈妈做家务，帮爷爷奶奶捶腿、洗脚，提高学习成绩等。

我的小小记账本

　　最近，桃子看到她的同桌小梦每天都在记账，想到自己的零花钱经常花超，便也买了一个笔记本，每天兴致勃勃地记录起来。

　　一周后，桃子骄傲地把自己的记账本拿给小梦看。小梦看过后说："桃子，你现在每天坚持记账，这是一个很好的开始，但你现在记录的都是最简单的流水账，倘若你能把收入、支出和结余分类记录一下，就更好了。"桃子说："啊？原来记账也不是一件简单的事啊！"小梦说："你可以买一本有固定格式的记账本，那样就方便多了。"桃子说："谢谢你，小梦，我会按照你的建议试一试的。"

你必须要知道的！

1 记账是我们进行理财的第一步。通过记账，我们可以对自己零花钱的使用情况了如指掌，可以清晰地发现支出中的不合理之处，并及时做出调整，避免盲目消费和冲动消费。

2 记账不应该是罗列流水账，而是应该准确记录每一笔收入和支出，并正确计算结余，这样才是有效记账。

3 学会记账后，我们也会变得更有责任感，更能体会到父母的不易。

记账的好处有很多

记账最明显的好处是可以控制我们的不合理消费，帮助我们改掉乱花钱的习惯；了解我们在这一段时间内的收支情况，帮助我们有效规划下一周的消费；记账本身就是一种重要的生活技能，坚持记账，会让我们更有耐心、更有条理，还能培养对数字的敏感性，提高分析问题、解决问题的能力。

收入、支出和结余

记账本的三大构成要素是：收入、支出和结余。

公式是：

结余 = 总收入 - 总支出

记账本

收入 = 收到的钱 — 收到的零花钱、红包、奖学金等，就是我们的收入。

支出 = 花费的钱 — 买吃的、喝的、穿的、用的等花费的钱，就是我们的支出。

结余 = 收入减去支出后的余额 — 结余必须是在一定期间内的，比如本周收入减去本周支出的结余，或是当月收入减去当月支出后的结余。

敲重点！我来支招

1 如果我们的零花钱总是不够花，又不知道钱具体花在哪了，那么我们一定要学习记账。

2 记账一定要每天坚持，还要分清收入和支出，计算好每周或是每月的结余。

3 现在手机上各种记账的 APP 都很完善，我们还可以选择电子记账。

我的**压岁钱**我做主

今年过年，园园收到了2000元的压岁钱，爸爸妈妈觉得园园长大了，可以自主管理金钱了，就把这笔钱的使用权交给了园园。园园兴奋极了，先是邀请好友吃了一顿大餐，又冲到超市开始了大采购，各种各样的玩具和零食流水一样被买回了家。就这样，还不到一星期，园园就把2000元都花光了。看着自己买的东西，她却并没有得到多少满足感：零食买了太多，不但不觉得好吃了，还感觉很甜腻；兴冲冲买的滑板，因为胆子小根本不敢滑，已经扔在角落里了；甚至有些钱她自己都不知道花在哪了……园园很懊恼，自己为什么没能好好利用这笔钱呢？

1 园园完全是没有计划地乱花钱，钱如流水一般花掉了，却没有买到几件自己真心需要和喜欢的东西，所以没有得到满足。

2 2000元钱对于小学生来说是比较大的数目，如果不好好规划，胡乱花钱，不仅不能使自己获得满足，还会造成浪费。只有花钱之后真正得到了舒适和满足，才是金钱的正确使用方法。

谢谢…

什么是压岁钱?

压岁钱，是春节的重要民俗之一。压岁钱，又名压祟钱，在民俗文化中寓意驱邪镇恶，保佑平安。在过年期间，长辈会将事先准备好的压岁钱派发给晚辈，祝愿晚辈平平安安地度过这一岁。

压岁钱规划书

园园没有规划好自己的压岁钱，我们来帮帮她，做一份压岁钱规划书吧。

园园的这笔压岁钱一共是 2000 元，她一时间花不了这么多，可以在爸爸妈妈陪同下到银行，将其中 1000 元储蓄起来，作为未来的教育经费等。

剩下的 1000 元，可以拿出 500 元购买一些自己喜欢的零食、玩具、衣服、书籍等。注意买商品前应提前规划，列好清单，不要像现在那样，买回不少自己不需要、不太喜欢的东西。再拿出 200 元，和朋友出去玩一玩，比如去游乐园、海洋馆等。还可以拿出 200 元请爸爸妈妈出去吃一顿饭，一家三口共享家庭之乐。剩下的 100 元可以捐献给需要帮助的人。

当然，这 2000 元可以有很多种规划，小朋友们可以好好思考一下，做出自己的专属规划书。

敲重点！我来支招

1 提前规划压岁钱

相信大家都收到过压岁钱，如果我们可以自己支配压岁钱，那么一定要慎重。要先统计一下自己的压岁钱总数，然后提前做好规划，合理支配。

2 花钱要慎重

让大家慎重花钱，也不是说只有一味把钱存起来才是好的。花钱并不是一件坏事，但我们的钱并不是取之不尽，用之不竭的，所以在买东西之前，应该了解商品的价格，考虑清楚再购买。

3 分清主次

若是想买的东西太多了，钱又不够，我们就必须分清哪些是必不可少的，哪些是次要的。我们可以把自己想买的东西列出来，然后进行比较，最后做出取舍。

原来买东西也有技巧

今天，妈妈列出了要采购的商品清单，让小洁去小区里的超市里购物。小洁临出门前，妈妈叮嘱她要买物美价廉的商品，并简单给小洁讲解了一下什么是"物美价廉"。来到超市后，小洁还是有些糊里糊涂，想着就买最便宜的好了，应该不会出错。买完东西回到家，妈妈查看了一下这些东西后，对小洁说："你买的东西倒是符合妈妈说的'价廉'，但是'物美'方面可就不太行了。你看这个黄瓜都蔫了，西红柿上面还有伤口，酸奶就快过期了。下次去买东西，除了要价格便宜，还得多关注一下质量啊。"小洁一边点头一边想，原来买东西也不是那么容易的。

你必须要知道的!

1 买东西的过程就是一个理财的过程，用合适的钱购买合适的东西，这是每个人都应该掌握的。

2 在买东西的过程中，我们很容易进入两个误区：一种是只贪图便宜，一种是盲目地追逐名牌。这两种理念都不是合理消费。只有掌握好物美价廉的原则，才能让每一分钱都发挥出最大的作用。

物美：也就是说一件产品的质量要好。物美的产品首先应该是一件质量合格的产品。合格的产品应该有生产厂家、生产日期、标准的产品合格证书。这三项是最基本的要求，除此之外，还需要有完善的售后服务体系等。

价廉：在品质相同的情况下，价格低的商品自然就属于价廉的。

配料表里的 小秘密

小朋友们，我们在购物的时候，除了确保商品合格以外，如果买的是食品，还应该关注一下食品的配料表。

配料表的长与短

看多了食品的配料表后，不难发现，配料表上的文字长短不一。偏长的配料表里面往往包含很多带有化学名称的配料，这一般是添加剂或调味剂。所以，选购食品的时候应尽量选择配料表简短的。比如，我们若想买纯牛奶，最好选配料仅为生牛乳的饮品。

配料表的顺序

国家规定，食品配料表要按照含量的高低来排序。含量越多的配料位置就越靠前。比如，我们想买一瓶酸奶，配料表第一位是生牛乳，第二位是蛋白粉，就说明这瓶酸奶中含量最多的是生牛乳，第二多的是蛋白粉。

敲重点！我来支招

1
要学会买合格的产品

我们在买东西之前，首先要确定它是否合格，一定要警惕那些"三无"产品。然后还要学会看商品的生产日期、保质期，并学会计算商品的截止日期。

2
学会挑选商品

凡事只有亲身经历才会印象深刻，我们可以尝试着自己来挑选商品。刚开始时可以让爸爸妈妈在一旁协助，但是不能干预太多，尽量根据自己的判断来选择。在采购完成之后，可以让爸爸妈妈帮忙评判一下我们选购的商品质量如何，价钱是否合理。

3
试着学会砍价

我们多买几次东西后就会发现，同一件商品在不同地方，价格也会不一样，很多商家都会虚抬商品的价格。所以，砍价这项技能对于消费者来说就显得非常实用了，我们从现在就学起来吧。

你可不要小看
购物清单

　　一天，妈妈发现家里的几样生活用品用完了，小南自告奋勇，要去帮妈妈购买。妈妈提醒小南写一下购物清单，可小南觉得完全没必要。到了超市，买完生活用品后，小南看到毛绒玩具今天买一赠一，这可把小南乐坏了，她赶紧挑了一件。可是付款的时候发现，买了玩具就超支了，她只好放弃了酱油。回到家后，小南发现妈妈正在做饭，正等着用酱油呢，她只得向妈妈道歉。妈妈说："你去超市的任务是买生活必需品，却为了买玩具造成了超支。如果你列好购物清单，并严格执行，就可以避免这种冲动消费。"小南吃着没放酱油的菜，明白了购物清单的重要性。

1 小南一时心血来潮购买毛绒玩具，属于冲动消费；因为购买毛绒玩具造成了超支，属于过度消费。

2 超市里面的商品让人眼花缭乱，如果我们不做计划，就会这个也想买，那个也想要，最后很可能超支，或者遗漏掉我们急需的商品，给生活造成不便。如果列好了购物清单，照单购买，这件事完全可以避免。

购物清单

　　购物清单，是指在购物前将需要购买的物品写下来形成的一个清单，这样我们在购物时就可以按照清单上的物品快速选购，既方便又省时，还能防止遗漏；更重要的是能防止我们被购物场所中五花八门的商品迷惑，有助于减少冲动消费。

学列购物清单

　　购物前列购物清单是很有必要的，下一次我们要独自购物或是和爸爸妈妈一起购物时，就让我们来列一份家庭购物清单，体验一下带着购物清单去购物的高效与便捷吧。

家庭成员	需购商品	数量
妈妈	洗发露	1 瓶
	牙刷	2 支
	食用油	一桶
爸爸		
我		

敲重点！我来支招

1 提前规划

俗话说："磨刀不误砍柴工。"购物前先别急着出门，应该先列好购物清单，规划好自己要买的物品，有计划地消费。

2 分门别类

购物清单并没有统一的样式，但是为了防止遗漏，我们还是应该分门类列。比如可以按照家庭成员分类，分别写清每一位家庭成员需要的物品；也可以按照商品种类分类，如食品类、日用品类、电子产品类等，每一大类还可以细分，如食品类可细分为水果蔬菜类、粮油类、肉类、海鲜类等。

3 严格执行

列好清单后，我们严格执行，就不会被购物场所的广告和各种促销活动吸引而去买不必要的物品了。

不必**盲目追逐**潮流

　　今天班里的小星穿了一双最新款的鞋子，简直太酷了，凯文羡慕不已，特别想要一双。

　　放学后，正好妈妈要去商场买东西，凯文心里算起了小九九，主动提出要陪妈妈去商场。当妈妈和凯文路过鞋店的时候，凯文吞吞吐吐地对妈妈说："妈妈，你看这双鞋子是不是很酷？班里小星就买了一双，我也想要！"妈妈直接拒绝了他，并且对他说："上周妈妈才刚给你买了一双新鞋子，而且你的鞋子已经有好几双了，完全够穿了，不能再买了。我们不能因为追逐新款而不断购买，更不能养成攀比的坏习惯。"

你必须要知道的！

① 在购买物品之前，我们应该先了解清楚自己真正的需求，不能看到别人有什么，我们就必须得到什么，这样的消费太盲目。

② 新款服饰追随的是当季的潮流，但舒适性不一定最佳，也不一定适合我们。如果我们的钱不充裕，没必要非得购买新款。

③ 如果某个新款产品真的是我们心仪的，不把它买下来我们就会非常沮丧，那么我们应该积极攒钱，等钱攒够了再买。

　　时尚潮流总是千变万化的，新款服饰又层出不穷，永远也买不完，但我们手里的钱是有限的。所以，我们没有必要盲目跟风，要选择自己真正需要或真正喜欢的，这样既能节省金钱，也能够学会理性消费。而且，许多新款在上市一段时间后是会降价的，我们不妨等新款降价了再去买，这样就又能节省下一笔钱。

区分"需要"和"想要"

　　"需要"的东西是我们生存的基础，"想要"的东西让我们活得更有趣、更舒服。在生活中，我们应该学会合理用钱：首先应该满足生活的基本需求，其次才用来买想要的东西，而不是为了买名牌包、新款手机等，天天节衣缩食，这是本末倒置。

　　将自己在生活中需要的物品和想要的物品分别填写下来：

我需要的	我想要的
提示：人们生存都离不开什么呢？ 例：食物、水…… 我们每天必须要用到的东西是什么呢？ 例：床、碗筷、文具……	提示：哪些是因为同学有而我也想要的？ 哪些是我觉得好看、新奇也想要拥有的？ 这些东西买来可以为我带来哪些满足？

敲重点！我来支招

1 对自己的购买能力做一个正确的评估。

2 正确区分需求和想要，先购买需要的物品，而不是想要的物品。

3 当无法控制自己的购买欲望时，给自己一个缓冲时间，不要立刻就买，想一想再决定，防止因为一时冲动造成超支。

疯狂下单的直播间

　　小贝这学期的成绩取得了很大进步，得了一笔500元的奖学金，她把钱给了妈妈。妈妈说这笔钱应该由小贝自己来支配。小贝兴奋地说："我看很多人都在直播间买东西，我也想试试。我想用300元来网购，剩下的钱用来买游乐园的门票。"妈妈同意了，给小贝的微信中转了500元。

　　进入直播间后，小贝真是大开眼界，她发现很多东西都很便宜，有的才9.9元一件。小贝简直挑花了眼，再加上那些秒杀活动和优惠活动的刺激，小贝疯狂下单。不知不觉，小贝把买门票的钱都花进去了，直到余额为零才收手。

你必须要知道的！

1 为什么直播间的商品都很便宜，我们反而容易超支呢？这是因为积少成多，购买的数量大，钱自然就花多了。

2 直播间的主播非常善于宣传，在主播的煽动下，我们很容易买下很多不需要的东西。

3 直播间经常会搞很多优惠活动，这会让我们产生一种买到就是赚到的错觉，进而疯狂下单。

太好吃了！！

好吃

饼干

  直播带货是现在非常流行的一种销售方法，主播通过在直播间现场试穿、试吃、试用等环节，让大家充分了解产品信息，从而增加销量。但是，由于直播产品的质量参差不齐，消费者无法触摸实物，因此在直播间购物免不了会买到伪劣产品。

直播带货的优缺点

优点	缺点
1. 突破地域限制 　　消费者足不出户，就可以免费进入线上直播间，观看主播对产品的讲解，又直观，又便捷。	**1. 无法准确感知产品** 　　无法亲手触摸，不能试穿、试用，同时直播间的灯光、镜头等会对商品的外观进行美化，可能会误导消费者。
2. 增强了互动性 　　与传统的电子商务相比，直播带货使消费者与商户之间的沟通更便捷，增强了互动性，让消费者身临其境。	**2. 退货率高** 　　有的主播煽动力很强，再加上直播间的群体效应，消费者很容易冲动消费，当买回来的产品不适宜的时候，又会纷纷退货。
3. 具有很强的娱乐性 　　商家在直播带货时往往会加入一些娱乐元素，让产品的宣传更加娱乐化，使直播内容更具吸引力。	**3. 行业准则不规范** 　　直播带货行业的入门门槛很低，也没有特别明确的行业准则来约束，因此很容易出现夸大宣传、售后服务不到位的情况。

敲重点！我来支招

1 直播间的一些商品虽然便宜，如果我们疯狂下单购买，那也会花不少钱。我们应保持理智的头脑，只买我们真正需要和喜欢的东西。

2 一分价钱一分货，便宜的东西，可能质量不佳。我们在购买的时候要擦亮双眼，要在官方的、正规的直播间购买。

3 直播间的各种优惠活动让人眼花缭乱，这其中不乏套路，我们应仔细阅读活动规则，多方比对，慎重下单。

4 直播间很多时候是靠走量来盈利的，我们一定要考虑是否需要那么大数量的产品，特别是一些食品，买得过多，往往会因为过期而造成浪费。

开盲盒停不下来

  最近"开盲盒"活动在同学间流行起来，多多也央求妈妈给自己买一套，妈妈同意了。多多精挑细选，选了一组玩具盲盒，店家说，如果幸运的话，这款盲盒可以开出变形金刚玩具。多多从小就喜欢变形金刚，所以就买了这一组。多多怀着激动的心情，把所有盲盒都开完了，开出了口哨、仙女棒、小玩偶、魔方等，却唯独没有拆出变形金刚玩具。他非常不甘心，又央求妈妈继续给自己买，妈妈却说："这款盲盒价格这么贵，却只开出了一堆你不喜欢的玩具，这不是浪费吗？不能再买了。"多多失望极了，觉得自己的运气太差了。

1 一组盲盒包含多个盒子，因为盒子上没有标注具体款型，会给消费者带来很大的期待，这种不确定性极大地激发了消费者的购买欲和复购欲。

2 多多没有开出他心爱的变形金刚玩具，不是因为他运气不好。商家一开始就只会将少量的"限量版"产品或具有很大吸引力的产品混入大量的普通产品中，因此我们得到特殊产品的概率本就是很低的。有的商家甚至是在用盲盒"清库存"，这是对消费者权益的损害。

盲盒的发展

盲盒是一款具有随机性的产品，消费者在购买时不知道盒中具体产品的款式。只有付款后，拆开盲盒才能知道自己抽中了什么产品。最初的盲盒是动漫手办盲盒，现在已经发展出许多不同的种类，包括玩具盲盒、文具盲盒、零食盲盒、美妆盲盒、鲜花盲盒、餐具盲盒等。

买盲盒是"智商税"吗？

购买盲盒是当下热门的潮流文化之一，青少年们热衷于聚在一起购买、分享盲盒。但过度的"盲盒热"也引发了一系列问题，一些商家利用青少年群体的猎奇心理，把各种产品都装进盲盒售卖，甚至还掺杂了一些三无产品、卖不出去的尾货等，造成了过度消费、攀比浪费等乱象。即便如此，我们也不能一棍子打死，强行取缔盲盒。因为文化是多元的，小小的盲盒也有其存在价值，它们充实了我们枯燥的生活，为我们带来了乐趣。因此，正确的做法应是促进盲盒市场健康发展。

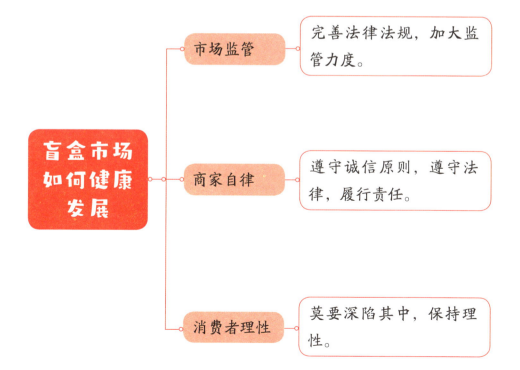

盲盒市场如何健康发展

市场监管 —— 完善法律法规，加大监管力度。

商家自律 —— 遵守诚信原则，遵守法律，履行责任。

消费者理性 —— 莫要深陷其中，保持理性。

敲重点！我来支招

1 盲盒作为一种潮流产品，会给我们带来很多乐趣，无论开出哪一款，都会给我们带来惊喜。盲盒的随机性会让我们乐在其中，不断去购买。因此，为了避免在不知不觉中超支，我们应该理性一些，不要"上瘾"。

2 盲盒能够开出限量产品或特殊产品的概率本身就很低，如果一直开不出，我们没必要强求，可以单独去购买想要的商品。对于我们已经开出的产品，也需要珍惜。

游戏充值要慎重

  暑假的一天，小航一个人在家打游戏。当他打到某一关的时候怎么都过不了关，急得团团转。小航想："要是能进行充值就好了，可我没有多少零花钱。"小航知道爸爸支付宝的账号密码，于是，他便使用爸爸的账号给游戏充值了500元。这下，他玩得十分过瘾，度过了非常愉快的一段时光。

  晚上爸爸下班后，询问小航是不是用了自己支付宝里的钱。心虚的小航不敢不承认。得知小航花了500元只是为了给游戏充值，爸爸非常生气。给游戏充值是错误的行为吗？

① 游戏充值不同于普通的消费。平时我们大多数时候购买的是看得见的产品，而游戏充值购买的是虚拟物品，在现实世界中看不到。对于不玩游戏的人来说，这笔钱就像"打水漂"了一样，所以小航爸爸才会那么激动。

② 根据相关法律规定，不满八周岁的未成年人是无民事行为能力人，他们的充值行为如果不经家长的追认就是无效的；八周岁以上的未成年人为限制民事行为能力人，他们的充值要看金额，如果金额在其可支配的合理范围，则无权追回。

游戏充值的形式

随着网络游戏的不断发展，游戏充值也应运而生。最开始游戏充值的方式是购买游戏点卡，随着网络游戏的热度越来越高，游戏充值形式也越来越多，越来越便捷。未成年人进行游戏充值要慎重，要征得父母同意，同时不能因为游戏充值而影响现实中的生活。

游戏充值并非洪水猛兽

　　现在，很多父母给孩子花钱并不吝惜，那为什么一听到孩子要进行游戏充值，就暴跳如雷呢？归根结底，还是有一些父母对新鲜事物缺乏了解。我们想进行适度的游戏充值，应该征得父母同意，如果父母一直不同意，我们该如何说服父母呢？

您也不是次次都买看得到的产品啊，您会花钱请人按摩，在音乐软件充钱听歌，在有声平台充钱听有声读物。游戏充值和那些是一样的。

我在游戏平台充值可以收获快乐，那么这笔钱就不是浪费。

我在游戏中买一个装备是可以永久使用的，如果我买零食，吃完了也就没有了，我不觉得这不划算。

如今是互联网时代，您也得与时俱进啊！

敲重点！我来支招

1 我们应正确看待网络游戏，应该让网络游戏为我们的生活增添趣味，而不是一味追求炫酷的游戏角色外观和装备的提升，一味地和其他人攀比。

2 给游戏充值的确能提高游戏体验，但凡事要适可而止，充值过度，就得不偿失了。

3 若需要进行网络充值，一定要征求父母的意见，要得到父母的同意才可以。

我来当一天的"小管家"

　　大林花钱总是大手大脚的，妈妈为了让他改改，想到了一个主意。一个星期天的早晨，妈妈把300元钱给了大林，让他当一天"小管家"，今天谁花钱都要从他这里拿，剩下的就是他的零花钱。大林高兴极了，觉得这么多钱，一定能剩下不少。

　　这一天，妈妈买了菜和肉，爸爸买了个水龙头，妹妹买了蛋糕，大林自己买了个玩具……这些花销跟每个周末都差不多，但是还没到傍晚，大林手里的钱就快没了，他越来越心疼。当最后20元钱被妈妈拿去买卫生纸后，大林的眼泪在眼眶里打起转来。原来一个家庭每天有这么多开销啊，他下定决心以后不再乱花钱了。

1 居住支出是家庭支出的重要部分，包括租金或房贷、物业费、水电费、燃气费等。

2 食品支出是每个家庭的基本开销，包括蔬菜、水果、肉、蛋、奶、粮、油以及零食等。

3 家庭成员购置衣物、家具等生活用品的费用，还有交通费、手机费、网络费等也是必不可少的。

4 教育支出、医疗保健支出也是家庭支出中的一个重要部分。

5 除此之外，还有教育、休闲娱乐支出等。

俗话说："不当家不知柴米贵。"我们如果不能尽早体会挥霍浪费的危害，长大后自己要为衣食住行花钱时，就容易手足无措。了解家庭的开支情况，有助于我们产生对钱的"责任感"，以后花钱时就会自觉做好开支计划。

家庭开支明细图

　　家庭开支通常包括大额固定开支（如车贷、房贷、学费和医疗保健费用等）和小额日常开支两大类，同时又可大致分为居住、食品、衣着、日用品、医疗保健、交通通信、教育文娱以及其他用品及服务等。

　　我们想要一目了然地了解家庭开支明细，可以仿照下图，做一个家庭开支明细图：

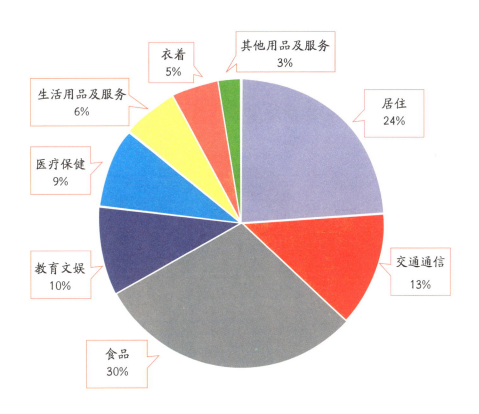

敲重点！我来支招

1 家庭开支要想做到开源节流，就必须提前做好较为详细的预算，并严格按照预算来执行。

2 购买商品的时候，要注重性价比，可以货比三家。

3 勤关灯、关水；外出时多乘坐公共交通工具或骑行。

4 日常生活中产生的纸箱、塑料瓶、玻璃等都是可回收的材料，可以积攒起来卖掉。

合理使用优惠券

　　星期天，甜甜和爸爸妈妈一起去了海洋馆，游玩结束后，一家人决定选一家餐厅共进晚餐。这可把甜甜高兴坏了，她兴致勃勃地想着今晚吃什么。

　　这时候妈妈提议道："上次我们去的那家自助餐厅，给了两张优惠券，今天我们正好把它们用掉，而且那家餐厅就在这附近。"妈妈的提议得到了爸爸和甜甜的认可。

　　到了餐厅，妈妈拿出两张优惠券，每一张可以优惠20元，爸爸妈妈正好一人用一张，甜甜则照常半价。甜甜高兴地说："这也太划算了，以后我们吃饭都来这里吧！"

你必须要知道的!

1 商家发了优惠券会亏本吗？优惠券是一种商家常用的促销工具，通过降低自身产品的价格，来达到吸引更多消费者、赚取更多利润的目的。因此，商家大概率不会亏本，虽然压低了价格，但是消费者的数量会大量增加。

2 既然用了优惠券会便宜，那我们积攒很多优惠券，时时使用，是不是就会省很多钱呢？这也未必。有了优惠券，我们可能会因为感觉划算而增加消费，可能会因此而买一堆不太需要的东西，进而掏空钱包。

注意优惠券的种种限制

商家为了赚取利润，利用优惠券让利的幅度一般不会太大，有时还有很多限制，不是任何情况都能使用的。比如，有的节假日不能使用，有的消费满多少元才能使用，有的只有特定产品才能使用，有的不能跨门店或跨品类使用，等等。因此在使用优惠券前，我们须仔细阅读"使用说明"。

让人眼花缭乱的优惠券

随着时代的发展，商家的促销手段越来越多，发出的各种优惠券让人眼花缭乱。除了传统的纸质优惠券外，还推出了功能更强大的电子优惠券。根据内容，优惠券可分为现金券、折扣券、礼品券、换购券、体验券等。下面我们具体介绍一下不同优惠券的用途。

种类	具体解释
现金券	可抵部分现金使用
折扣券	可享一定的折扣
礼品券	可领指定礼品
换购券	可换购指定商品
体验券	可体验某些服务

敲重点！我来支招

1 优惠券的确可以在一定程度上让我们享受到优惠，但其本质是商家增加销量的工具，我们没必要为了用掉优惠券而去买我们不需要的商品，那样就得不偿失了。

2 优惠券中也不乏陷阱，有时商家是先涨价，再发优惠券。因此，不要看见优惠券就头脑发热，应该货比三家，保持冷静。

礼物越昂贵越好吗

　　还有一周妈妈就要过生日了，飞飞打算送妈妈一件拿得出手的礼物，让妈妈高兴高兴。为此飞飞特意从自己的压岁钱中拿出了一千块，打算给妈妈买一条金项链。可是来到金店后，飞飞发现，最便宜的金项链自己也买不起，飞飞为难起来。这时售货员阿姨说道："小朋友，你给妈妈送礼物的心意很令人感动，但黄金首饰太贵重了，不适合你现在的年纪。'礼轻情意重'，只要你有爱妈妈的心，送什么礼物，你妈妈都会喜欢的。"飞飞觉得售货员阿姨说得对。他思索了一阵后，决定给妈妈买一条围巾。当他把这条围巾送到妈妈手上的时候，妈妈感动得流下了眼泪。

你必须要知道的!

1 礼物不在于昂贵的价钱，而在于心意。只要是能让爸爸妈妈体会到我们对他们的关心、爱戴的物品，都是最好的礼物。

2 飞飞的心意是好的，可是黄金价格昂贵，而我们现在还缺乏赚钱的能力，如果我们选择的礼物过于昂贵，可能会加重父母的负担。

3 如果真的想送爸爸妈妈昂贵的礼物，可以等将来我们有了独立赚钱的能力之后再送。

　　黄金是一种金黄色的、可以抗腐蚀的贵金属。它在地球上是稀有且珍贵的，所以被人们看重和喜爱。很多国家都曾将黄金制成货币，今天黄金依然是深受欢迎的"硬通货"。黄金不仅能够被制作成各种漂亮耀眼的首饰，还能保值，可用于储备、收藏和投资。

实用礼物大盘点

　　可能有很多小朋友一提起送家人礼物就蒙了，完全不知道送什么合适。下面我们就列举一下适宜送不同家人的礼物。小朋友也可以试着自己构思一下，填在空格里。

家庭成员	礼物			
妈妈	鲜花	贺卡	护手霜	丝巾
爸爸	钢笔	皮夹	汽车挂件	钥匙扣
奶奶	糕点	帽子	护膝	胸针
爷爷	毛笔	手套	护膝	书籍

敲重点！我来支招

1 礼物不是越昂贵越好，而是应该精心准备，要站在收礼人的角度，送到收礼人的心坎里。

2 送礼不一定要花钱，比如我们可以画一幅画，制作一个贺卡，或者是帮父母做一天家务等。

3 为了买到心仪的礼物，我们也可以提前攒钱。

"第二杯半价"
就一定要买两杯吗

　　周末，小磊踢完球后回家。走着走着，他看到他经常去的一家饮品店正在搞活动，蜂蜜柚子茶第二杯半价。小磊想，这可太划算了，于是，踢完球正口渴的他就买了两杯蜂蜜柚子茶，第一杯16元，第二杯8元。当他在店里喝第一杯饮品的时候，别提多满足了。一杯茶下肚，他不口渴了，也不热了。可是还有一杯呢，不喝可就浪费了，于是小磊硬着头皮喝了起来。两杯饮品下肚，他感觉自己要撑坏了。更加不妙的是，因为连喝两杯冷饮，晚上小磊就肚子痛、腹泻了。妈妈知道原委后又担心又好笑。小磊答应妈妈，以后再也不干这种"贪小便宜吃大亏"的事了。

你必须要知道的！

① "第二杯半价"是商家发明的一种促销手段，指的是如果顾客一次性购买两杯饮料，则第二杯的价格是第一杯的一半。

② 那么"第二杯半价"到底值不值呢？对于故事中的小磊来说是不值的，他真正需要的是第一杯饮品，喝完第一杯，他已经得到了满足，第二杯他是硬着头皮喝下去的，对于他来说商品效用远不如第一杯，不喝也是可以的。如此看来，即使第二杯更便宜，消费的钱也是浪费。

边际效用递减

"第二杯半价"的促销活动中包含着一种经济规律，即"边际效用递减"。所谓"边际效用递减"是说：在一定期限内，当其他商品消费数量固定不变的情况下，随着消费者持续性地增加对同一商品的消费量，当投入超过某一水平后，消费者从该商品新增加的每一消费单位的投入中所获得的效用增量（也就是边际效用）是递减的。

边际效用递减

为了更好地理解"边际效用递减"，可以举个简单的例子：当一个人非常饿的时候，如果吃到一个包子，他一定会觉得这个包子非常香。当他吃第二个的时候，可能感觉也还不错。这时候再吃第三个包子，他可能就觉得没那么好吃了，若是再让他吃第四个，他可能就觉得勉强了。由此可见，包子带来的满足感，随着数量的增加，反而减少了，这就是"边际效用递减"。下面这个表可以更直观地展现出这个问题。

包子数量	每个包子的效应
0	0
1	10
2	5
3	0
4	-5

由此可见，当饥饿的时候，第一个包子带来的效用最大，后面就开始减少了。当完全饱了之后，再吃包子，不但不能获得满足感，反而会感到痛苦。

了解了这一规律之后，相信大家对于"第二杯半价"这种促销活动就有了更深刻的理解，以后就不至于一见到这种活动就要冲动购买了。

敲重点！我来支招

1 "第二杯半价"的促销活动在一定程度上的确是更实惠，如果我们的确有买两杯的需求，或是我们可以和朋友拼单等，那么我们参加这样的活动就是划算的。

2 如果我们只有一个人，又没有那么大的胃口，面对这种促销广告，就应该保持理性的思考。

购物应挑选好时机

　　星期天，妈妈带俊俊到商场，打算给俊俊买一件羽绒服。俊俊不解地问："妈妈，现在是夏天啊，您为什么要给我买羽绒服？我也没法穿啊。"妈妈解释道："夏季是卖羽绒服的淡季，会打折，现在买好了，你可以冬天穿啊。"

　　俊俊将信将疑地跟着妈妈走进卖羽绒服的店里，发现羽绒服真的都在打折。最后，妈妈给俊俊选了一件打五折的羽绒服。俊俊得到了一件很帅气的羽绒服，妈妈也没有花冤枉钱，真是两全其美。俊俊觉得妈妈真是太厉害了。

　　商品的价格是由市场上的需求和供给两种因素的共同作用，也就是供求关系决定的。一件商品的价格并不是固定不变的，比如，像羽绒服这种受季节影响较大的商品，到了夏季，天气炎热，人们就不需要穿了，对它的需求自然就变得很低，这时候商品的价格就会下降。所以，夏季是卖羽绒服的淡季。俊俊的妈妈及时把握了这一规律，自然能够享受到优惠的价格。

需求降低

价格下降

打折

　　供求关系是一定时期内社会提供的全部产品、劳务与社会需要之间的关系。商品价格与供求量之间相互制约。当供给大于需求的时候则价格下降，当需求大于供给的时候则价格上涨，当供给与需求相当的时候则为均衡价格。经济要想健康发展，就要保持良好的供求关系。

不可错过的购物好时机

购物好时机	具体解释
换季的时候	对于那些受季节影响较大的商品，我们可以选择换季的时候购买。例如，进入春季了，冬装就会打折；进入冬季了，空调、泳衣等就会降价。
节假日或年度大促销之际	每一年的重要节假日，包括春节、元宵节、妇女节、儿童节、中秋节、国庆节等，还有年度大促销期间，包括"6·18""双十一""双十二"等，商家都会有较大的打折力度。
新款发布之际	随着科技进步和时尚潮流的变化，每当新款产品发布之际，人们多数会竞相追逐，此时，一些旧款产品的需求量就会降低，价格自然也会下降。像手机、电脑、相机等数码产品，时尚品牌的服饰、箱包等都具有这样的特点。

敲重点！我来支招

1 对于一些不是特别急需的物品，在换季的时候购买是很不错的选择。

2 每一年的重要节假日、购物节等时间节点，我们都应该特别留心一下，有可能会享受到优惠价格。

3 如果预算有限，也不必非买最新款。比如，非新款的电子产品或服饰等一般会降价。

警惕成为小守财奴

　　小悦每周的零花钱不是很充裕，况且爸爸妈妈经常教育她应该理性消费，所以小悦花钱非常小心，能不花就不花。

　　平时和同学们一起出去玩，小悦从不掏钱，无论吃什么都是同学请客。甚至有一次，班级组织野餐，小悦也什么都没带，一直在吃同学们带来的食物。

　　时间一长，一些同学对小悦的这种行为很不满意，私下里叫她"铁公鸡"。小悦也发现，同学们都在疏远自己，好几次大家出去玩都没叫上她。小悦非常苦恼。

你必须要知道的!

1 过度节俭会演变成吝啬，会影响我们与他人的人际交往。

2 我们生活在这个社会中，方方面面都是需要花钱的。爸爸妈妈辛苦赚钱，本就是为了让我们生活得更舒适、更美好。从这个角度来说，有些钱是不能省的，该花的钱我们要花。

3 我们正处于人格形成时期，这个时期太过吝啬，长大后就很难改过来了。所以，我们一定要培养良好的金钱观，既不奢侈浪费，也不"一毛不拔"。

　　勤俭节约是中华民族的传统美德，但节俭也要适度，过度就是吝啬，是传统美德所摒弃的。金钱的价值不在于拥有，而在于使用，不管我们有多少钱，如果不使用那就等于没有。我们在生活中不能过于吝啬钱财，应该把钱用在该用的地方。

过于节俭的**坏处**

坏处	具体表现
降低生活质量	过度省钱的人可能会因为贪图便宜，买一些质量较差的产品，甚至是三无产品，这样会降低生活质量，甚至影响健康。
造成浪费	过度省钱的人可能会经常囤积一些促销产品，或者一些快过期的食品，如果不能及时吃完、用完，这样也是一种浪费。
影响人际关系	在与人交往时，如果过于吝啬，还会影响我们的人际关系。我们终究是社会中的一员，人际关系不和谐会对我们产生很大的负面影响。
产生拜金心理	过于节俭，可能会使人对金钱的渴望越来越大，为了金钱可以牺牲自己的道德。

敲重点！我来支招

1 我们应树立正确的金钱观，让金钱为我们服务，为我们的生活增色添彩，而不是成为金钱的奴隶。

2 勤俭节约是中华民族的传统美德，但省钱应该使用合理的方法。比如，不过分追逐名牌和潮流，衣服舒适、够穿就好；出行多乘坐公共交通工具，既省钱，又环保；多吃爸爸妈妈做的菜，尽量少去饭店吃"大餐"；等等。

给孩子的

财商
养成课

如何用钱生钱

于 静◎主编

黑龙江科学技术出版社
HEILONGJIANG SCIENCE AND TECHNOLOGY PRESS

图书在版编目（ＣＩＰ）数据

给孩子的财商养成课．如何用钱生钱 / 于静主编
．－－ 哈尔滨 ： 黑龙江科学技术出版社，2024.5
ISBN 978-7-5719-2376-1

Ⅰ．①给… Ⅱ．①于… Ⅲ．①理财观念－少儿读物
Ⅳ．① F275.1-49

中国国家版本馆CIP数据核字（2024）第079187号

给孩子的财商养成课．如何用钱生钱
GEI HAIZI DE CAISHANG YANGCHENG KE . RUHE YONG QIAN SHENG QIAN

于静　主编

项目总监	薛方闻
责任编辑	李　聪
插　　画	上上设计
排　　版	文贤阁
出　　版	黑龙江科学技术出版社
	地址：哈尔滨市南岗区公安街70-2号　邮编：150007
	电话：（0451）53642106　传真：（0451）53642143
	网址：www.lkcbs.cn
发　　行	全国新华书店
印　　刷	天津泰宇印务有限公司
开　　本	710 mm×1000 mm 1/16
印　　张	4
字　　数	41 千字
版　　次	2024 年 5 月第 1 版
印　　次	2024 年 5 月第 1 次印刷
书　　号	ISBN 978-7-5719-2376-1
定　　价	128.00 元（全 6 册）

给孩子们的一封信

在一个人的成长之路上，智商和情商十分重要，财商也不能被忽略。财商，简单地说就是理财能力。人的一生处处离不开金钱，想要拥有辉煌人生，就需要正确认识金钱，理性进行消费和投资。这些在经济社会中必须具备的能力不是天生的，而是需要进行后天的学习。

如果不从小培养财商，就会在童年这个最容易塑造自身能力的时期"掉队"，长大后再想弥补，往往可能事倍功半。所以，只有在少年时期就学会与金钱打交道，才能在未来更好地创造财富、驾驭财富，成为金钱的主人。

为了响应素质教育的号召，培养智商、情商与财商全面发展的新时代少年，我们编著了"给孩子的财商养成课"丛书。在这套丛书中，小读者可以了解货币的起源，认识到钱来之不易，懂得理性消费、有计划花钱的重要性，同时还可以对赚钱、投资等进行一次"超前演练"。此外，对金融体系的核心机构——银行，以及一些重要的国际金融理念，这套丛书也进行了一些简要的介绍。整套丛书图文并茂，注重理论与生活实践相结合，力图全方位提升小读者的财商。

还等什么，赶紧翻开这套丛书，开启一段"财商之旅"吧。

目 录

理财能让财富变多吗

一天，小昭放学回到家，看见爸爸妈妈坐在一起商量着什么，桌子上还摆着几捆现金和几张银行卡。小昭兴奋地说："哇，咱们家有这么多钱吗？"

这时候只听爸爸妈妈讨论了起来，妈妈说："买基金吧，有保障。"爸爸则说："买股票吧，收益高。"小昭越听越糊涂，忍不住发问："基金是什么？股票又是什么啊？"

爸爸解释道："这些都是理财工具，爸爸妈妈赚了些钱，准备利用这些理财工具，让咱们家的'小金库'更充实。"小昭挠挠头："理财又是什么意思，真的能让财富变多吗？"

① 理财，指的是以财务的保值、增值为目的，对财务进行管理。简单来说就是学会妥善管理自己的钱。

② 学会理财可以让我们更合理地使用金钱，从而过上更好的生活。

③ 常见的理财产品有基金、股票、债券、贵金属等，它们都有赚钱的潜力，但也蕴含着一定的风险。

理财的本质：开源和节流

　　理财就是"钱生钱"，积累本金是"钱生钱"的开始，而积累本金最好的方式是开源和节流。对普通家庭来说，我们可以通过提升工作技能、争取更好的工作岗位或创业等形式来增加收入，就是"开源"。同时合理规划和管理自己的消费，尽可能减少不必要的支出，就是"节流"。

小孩子也要学理财吗？

　　对于每个家庭成员来说，理财都是不可或缺的技能，只有学会理财，才能学会管理和规划自己的财富，以及获得更多的财富。大人们有能力购买各类理财产品并获得收益，我们虽然不一定能购买理财产品，但也应该从小学习理财知识。我们可以从规划自己的零花钱开始，初步学习理财。

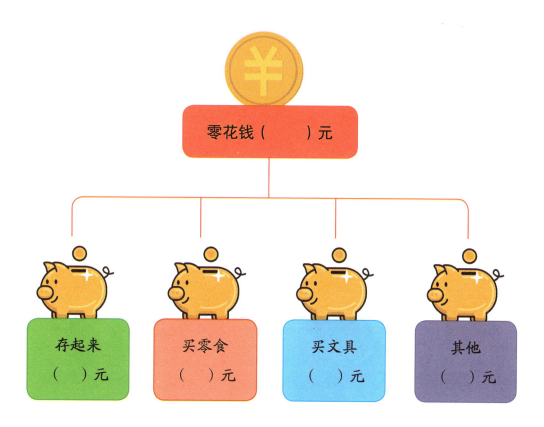

零花钱（　　）元

存起来（　　）元　　买零食（　　）元　　买文具（　　）元　　其他（　　）元

敲重点！我来支招

1 选择理财产品不能只看收益，高收益往往伴随着高风险。

2 理财时要量力而行，综合考虑资金、收益及自己的承受能力，选择最适合的方案。

3 只存不花不能叫理财，也无法"生"出钱来。钱生钱应该是用钱购买理财产品，让它给我们带来收益。

理财不只是大人的事情

　　周日，一诺和刘爽一起参观科技馆，在纪念品店，他们都看上了一款精美的儿童天文望远镜。昂贵的价格让刘爽望而却步，这时候，一诺果断"出手"买下了这台望远镜。刘爽羡慕不已，惊讶地问："一诺，你哪来那么多钱，是爸爸妈妈给的吗？"一诺回答："爸爸妈妈没给我这么多，这都是我理财得来的。"

　　"理财，那都是大人的事情吧，"刘爽说，"我们这么点儿零花钱怎么够理财呢？"一诺解释道："小孩子也可以理财啊，我每年把压岁钱都存在银行里，获得了不少利息；而且我平时也不乱花钱，这样我就能买得起想要的东西了！"

你必须要知道的！

1 理财不只是大人的事情，从小锻炼自己的投资能力可以为以后我们实现经济独立打下很好的基础。

2 理财也不只是有钱人的事情，只要我们有理财意识和正确的理财方法，无论资金规模大小，我们都可以实现自己的财务目标。

3 不要小瞧自己的零花钱，我们都明白积少成多的道理，只要学会理财，我们也能做到让钱生钱。

管理零花钱也是理财

很多小伙伴在收到爸爸妈妈给的零花钱后，都会在第一时间购买零食、玩具等，或者用在其他娱乐项目上。为了培养自己的理财能力，我们应该在获得这些钱的时候就认真思考一下它可以用在哪些地方，自己哪些想买的东西是不必要的，等等。培养理财能力是一个漫长的过程，在一次次的学习和实践中，我们一定能慢慢学会理财。

理财需要合理的规划

　　理财的目的是让我们过上更好的生活，而不是一夜暴富，为此我们必须学会如何规划资金以及如何更好地使用资金。懂得理财的人，可以在长期的规划、实践中获得更多的收益。而没有理财意识，不懂得规划资金的人往往会乱花钱。因此，我们要合理规划自己的资金，制定适合自己的理财方案。

　　试一试，将自己的理财方案写下来：

资金	理财项目	时间	预计收益
压岁钱1000元	储蓄	1年	
压岁钱500元	保险	1年	

敲重点！我来支招

1 在课余时间，看一些适合我们年龄段的财商教育资料，如图书、网络视频等，这些浅显、有趣的知识可以帮助我们走进理财的大门。

2 在购买某些物品前，比较不同品牌间的价格、质量等，选择性价比最高的一个，可确保我们的钱用得更有价值。

鸡蛋不能只放在一个篮子里

　　这天，佳宁一回到家就看到妈妈垂头丧气地坐在沙发上，爸爸在一旁安慰她。佳宁走上前询问原因，爸爸说："妈妈炒股失败了，赔了不少钱。"

　　妈妈懊悔地说："我不该贪图'暴利'，早知道我就不把鸡蛋都放在一个篮子里了。唉……"

　　"鸡蛋？篮子？"佳宁疑惑地问，"这和炒股有什么关系呢？"

　　爸爸解释道："这是一个有趣的比喻。意思是：为了规避风险，投资者应该选择几种不同的投资品种进行分散投资。就像为了防止鸡蛋磕碰、碎裂，要把鸡蛋分别放在不同的篮子中。"

你必须要知道的！

1 在投资过程中，我们应该保持冷静和理性，不要被高收益迷惑。过于贪心会让我们忽视风险，很容易给我们造成巨大的损失。

2 学会理财可以帮助我们更好地利用金钱资源。通过学习理财，我们可以更好地积累财富、理解投资与回报的关系，还能控制消费欲望，做出明智的投资决策。

3 为了制定有效的分散投资策略，我们应该综合考虑家庭收支情况、资产状况和风险承受能力等因素。

"32221" 组合投资策略

"32221" 组合投资策略是一种稳健的投资策略。简单来说，就是将个人总储蓄分成5份，其中的30%用来储蓄；20%用来购买债券、基金等低风险理财产品以增加收益；20%用来购买股票等高风险投资以追求高利润；20%用于购买贵金属、收藏品等可能会增值的实物；剩下的10%则用于购买保险，防止意外情况的发生。当然，我们应根据自己的实际情况选择最适合的投资方式。

常见投资方式的风险

投资方式	风险
储蓄	定期储蓄是最普遍的投资方式，公民的个人存款受到法律保护，风险极低。
债券	债券风险较低且收益稳定，资信等级越高的债券发行者所发行债券的风险越小。
基金	基金是一种利益共享、风险共担的集合投资方式，不同类型的基金，风险也不一样。
股票	股票投资风险较高，受多种因素影响，可能带来较大的收益或者损失。
保险	保险是应对风险而生的理财产品，基本上没有风险。
黄金	黄金是一种贵金属，也是具有稳定和保值特性的避险资产。

敲重点！我来支招

1 我们选择投资方式时，要综合考虑预期收益、自身的经济实力、投资方式的历史表现等因素。

2 分散投资后，为了不偏离最初的投资目标，我们应该定期调整投资组合中每项资产的比例。

3 我们还应该采取一些风险管理方法，如设置止损点、关注市场动态等。

最普遍的理财方式——储蓄

一天，小悦看到爸爸妈妈坐在一起，边说边用笔在纸上计算着什么。她好奇地走过去问他们在做什么。妈妈说："我们准备将家里的现金都存到银行里。"

小悦不解地问："为什么要把咱们的钱送去银行呢？奶奶的钱都藏在床垫下或衣柜里，这样不是更安全吗？"

妈妈摸着小悦的头说："傻孩子，把钱藏在家里可不会变多，如果存进银行还有利息可拿呢！""利息是什么意思？"小悦追问道。

爸爸解释说："利息是银行给存款人的一种报酬，由于在银行储蓄简单、安全，还能获得稳定的收益，所以储蓄是大多数人选择的理财方式。"

你必须要知道的！

1 储蓄是指人们将暂时不用的钱存入银行、信用合作社等金融机构的行为。

2 储蓄是最受欢迎的理财方式之一，因为它的风险极低，通常不会亏本，而且还可以赚取一定的利息。

3 对于存款人（公民）来说，利息是借款人（银行）付给存款人的报酬；对于借款人来说，利息是借款人使用货币资金必须支付的代价。

存进银行的钱都去哪儿了？

我们的存款被银行主要用于以下几个地方：一是储备金，银行会保留一部分资金用于取款服务和运营储备；二是放贷赚钱，银行会将大部分资金用于发放贷款并借此盈利；三是与其他金融单位之间进行资金往来；四是用于发行货币、债券、基金货币等投资产品。

我国的储蓄原则

我国的储蓄原则是"存款自愿、取款自由、存款有息、为储户保密"，这些原则是为了保护存款人的权益和银行业务的正常运作而制定的。具体含义如下：

存款自愿	现金是我们的个人财产，可以根据自己的意愿选择将资金存入银行以及根据自己的意愿选择存款的数额。
取款自由	我们可以在需要时自由取出部分或全部存款，银行不得以任何理由拒绝。
存款有息	银行要按照一定的利率回报储户相应的利息。
为储户保密	个人信息以及存款情况都属于个人隐私，银行不能随意泄露储户的信息。

敲重点！我来支招

1 我们小孩子必须在家长的陪同下才能去银行开户，并且要准备家长身份证、我们的身份证、户口本等资料。

2 储蓄的种类非常多，我们应该根据实际需要以及利息的多少等因素谨慎选择。

3 通常来说，我们存在银行里的钱越多、时间越长，能够获得的利息就越多。

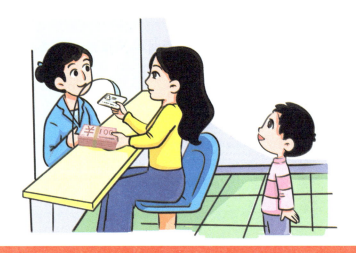

能领钱的保险 ——年金保险

涵涵的爸爸是一名保险顾问，这天，涵涵跑来问爸爸："爸爸，买了保险我们就不用担心遇到风险了吗？"

爸爸说："当然不是啦，保险只能在我们受到损失时给我们一定的经济补偿。""那有没有不受到损失也能拿钱的保险呢？"涵涵好奇地问。

爸爸说："年金保险就可以。年金保险是一种理财型保险，买了年金保险后，就可以定期领钱，就像在银行'吃利息'一样。"

"这么厉害啊！"涵涵摇着爸爸的手臂说，"您快给我买年金保险吧，我想定期领些零花钱！"

你必须要知道的！

1 年金保险既是保险也是理财产品，因此也被叫作理财型保险。

2 年金保险是一种长期储蓄型保险，非常适合需要长期储蓄的人群，比如我们小孩子。

3 通常，年金保险没有确定的期限，而是以被保险人的生存为支付条件。

什么是保险？

保险是一种契约经济关系，指个人向保险公司支付保险费并签订合同，当被保险人遭受一定的风险或因意外而造成财产损失时，获得经济补偿的承诺。保险可以覆盖各种风险，如意外事故、财产损失、健康问题等。人们买保险是为了在面临风险时获得一定的经济支持和保障。

保险中的**另类**

　　绝大多数保险是"保人""保财",而年金保险则是"保寿"。购买年金保险后,只要我们(被保险人)还活着,或者仍在保险年限中,就能不断从中获取收益,就像从银行获取利息一样。

　　购买年金保险的方式非常简单,大致步骤如下:

第一步

选择产品:选择适合的年金险产品

第二步

交保费:确定支付方式 → 一次性支付 / 分期支付
　　　　确定领取方式 → 一次性领取 / 分期领取

第三步

到期领钱:根据相关条款领取保险金

敲重点！我来支招

1 进行多方咨询和比较，选择一个值得信赖的保险公司以及适合自己的保险计划。

2 购买年金险前，要仔细阅读保险合同，确保我们的权益得到保障。

3 购买年金险后，通常在短期内无法拿回"本金"，因此要确保这段时期内不会用到"本金"。

亮闪闪的**贵金属**惹人爱

　　小琳的生日眼看就要到了，妈妈正在为送给小琳什么礼物而喃喃自语："平板电脑？玉坠？感觉都不适合小琳。有没有既有价值又能长久保存的礼物呢？"

　　爸爸听见妈妈的话，说："不妨送给小琳一些贵金属吧！"这时候，小琳听见爸爸妈妈的对话，问道："贵金属？是黄金吗？"

　　爸爸解释道："贵金属有许多种，黄金是其中之一。贵金属不仅保值，还能升值，是非常受欢迎的投资产品。"

　　小琳高兴地说："好！我喜欢能升值的礼物，您赶紧带我去买一些贵金属吧！"

你必须要知道的!

① 贵金属包括金、银、钌、铑、钯、锇、铱、铂8种金属元素。其中主要用于投资的是黄金、白银、铂金、钯金。

② 贵金属有储量少、化学稳定性强、延展性强、可塑性高、色泽美丽等特点，且保值性强，适合用于投资。

③ 在古代，贵金属就经常被用作货币。到了现在仍然是金融市场中的"硬通货"。

贵金属投资的种类

贵金属投资主要分为实物投资和电子盘交易投资两大类。其中，实物投资是指投资者购买黄金、白银等具有收藏价值的真实货物进行投资，投资者可以在需要时进行转手交易。电子盘交易投资是指投资者通过网络交易平台进行买进和卖出等操作，从而赚取贵金属价格波动带来的差价，一般没有实物。

贵金属投资的优势

	优势	解释
1	增值保值，规避风险	贵金属具有很高的保值和增值能力，可以有效规避通货膨胀和金融风险。
2	税收的相对优势	贵金属投资的税收负担非常小。
3	世界公认的最佳抵押品种	贵金属在金融市场具有广泛的流动性和认可度。
4	产权转移便利	贵金属的交易程序简单，所有权转移也十分便利。
5	产品单一，选股难度低	贵金属产品种类相对单一，投资者无须在众多同类产品中进行挑选。
6	价格波动大，获利概率大	贵金属价格透明，受各种因素影响，价格变化频繁，提高了投资者的获利概率。
7	交易限制少，方便灵活	贵金属交易不受时间、地点的限制，获利机会多。
8	没有交易次数限制	贵金属投资允许投资者进行多次交易。
9	风险可控性强	贵金属交易市场没有庄家操纵，投资者更容易掌握风险，从而采取投资策略。

敲重点！我来支招

1 寻找专业、合法的平台进行交易，保证交易的正常化和资金的安全性。

2 关注贵金属市场的波动，尽量在价格大幅下跌时入手，价格大幅升高时出手。

3 虽然贵金属的交易不限次数，但也不能因追求利润而盲目、反复地交易。

最有品位的理财方式——收藏

　　周末，小亮陪着爷爷逛古玩街，看着络绎不绝的"藏友"，小亮问爷爷："爷爷，为什么这么多人喜欢收藏古董呢？"

　　爷爷摸着小亮的头说："因为古董历史悠久，是文化的结晶，而且还具有投资价值，能为人们带来收益……"

　　这时，一个玉盘吸引了小亮的注意。摊主笑眯眯地对小亮说："小朋友眼光真不错啊，这玉盘是清朝的，你我有缘，我就收你这个数……"爷爷打断了摊主的话，对小亮说："买古玩最重要的就是辨别真伪，你看这摆件底座下标着'微波炉可用'，怎么可能是真品呢？"

你必须要知道的！

1 古董指珍稀、罕见的古代器物，可供现在的人珍藏、鉴赏，例如瓷器、字画、钱币等。

2 收藏古董最初是个人爱好，随着一些收藏品逐渐增值，收藏也成了一种投资方式。

3 目前市场上的"古董"大多是后人仿造的赝品，因此收藏古董必须具备鉴别技能。

收藏有风险，投资需谨慎

收藏古董是一种潜力极高的投资行为，但收藏古董有着极高的门槛。古董的价格受供需关系、流行趋势、经济形势等多种因素影响，价格波动很大；而且投资者鉴别古董真伪时需要非常专业的知识和鉴别技巧；古董的保存对于环境的要求很高，需要采取有效的保管措施，如防氧化、防腐蚀、防霉等。因此，收藏古董并不像我们想象的那么简单。

收藏既是投资，也是爱好

收藏古董是潜力极高的投资行为，咱们快去再多买些古董吧！

我们不应该只以获利为目的去投资收藏品，而应该是将收藏作为一种爱好。好的收藏观念是既能从古董中获得快乐，又能实现古董的保值、增值。

咱们家的瓷器怎么一直没有增值啊？

我们对待收藏品要有"雅兴"，应该多关注它的历史、文化、艺术价值，不能只纠结于它是否增值，这样就背离了我们收藏的初衷。

网上说，咱们家的瓷器的同类藏品最近会增值，咱们开始寻找买家吧！

古董交易一定不能盲目。收藏是一种长期的投资，往往只有在利润极高或者万不得已时才会考虑卖掉。当我们衣食无忧时，它可以给我们带来艺术享受；当我们遇到难处时，它可以化作财富帮我们渡过难关。这才是收藏品的真正价值。

敲重点！我来支招

1 购买古董不能盲目，一定要经过专业的鉴定和评估再进行投资，以免受到欺骗。

2 最好使用闲置的资金进行收藏投资，避免使用日常开支或举债投资。

3 在收藏市场中，适当的买卖行为可以获得收益，而"只买不卖"则可能因藏品的流通性差而带来损失。

买股票要追求高收益吗

　　最近，小睿的爸爸靠炒股赚了一笔钱，小睿便央求爸爸教他炒股。

　　爸爸说："你还未成年，不能购买股票，不过爸爸这有一款模拟炒股的软件，你可以先在这上面试试手。"

　　小睿兴致勃勃地开始"炒股"，他当即用全部资金买下了市盈率最高的股票。可没过几天，软件上就显示小睿已经赔光了本金。

　　小睿哭丧着脸向爸爸求助，爸爸说："高收益必然伴随着高风险，你不应该只追求高收益而忽略了背后的风险，稳中求进才是炒股的精髓。"

1 股票是一种有价证券，代表其持有者在一家公司的所有权份额。投资者可以通过买卖股票进行投资，在股票价格的变化中获得收益。

2 市盈率即股价与每股收益之间的比率。通常来说，股票的市盈率越高，收益潜力越大，但相应的风险也越高。

3 判断股票是否具有增值潜力不能只看市盈率，还要从公司的经营状况、行业前景、股价估值等多方面入手。

牛市与熊市

牛市与熊市是用来形容股票市场行情的两种不同趋势的术语。牛市指股票价格持续上涨，交易活跃的情况；而熊市指股票价格持续下跌，交易呆滞的情况。但这两种情况并不绝对，无论是牛市还是熊市，股票价格都是有涨有跌的，只是涨与跌的占比不同。

股票买卖"三步走"

投资股票前，我们必须了解股票买卖的流程。股票买卖大致分为三步，分别是开户、委托、交割。

第一步

开户：年满 18 岁的中国公民

　　　到证券公司开立证券账户和资金账户

　　　存入保证金

第二步

委托：委托证券经纪商代理证券交易

　　　交易前，向证券经纪商发出委托指令

　　　确定证券名称、代码买入或卖出的数量、价格等信息

第三步

交割：确保账户上有足够的资金或股票

　　　通过结算系统实现股票交易

—

敲重点！我来支招

1 评估某只股票的投资价值，要综合考虑其竞争优势、持续竞争能力以及股票收益。

2 购买股票也要遵循分散投资原则，不能利用全部资金购买某一只股票，而是要建立合理的投资组合。

3 由于我们未满 18 岁，不能开户进行股票投资，但是我们可以在父母的身边学习炒股知识，积累投资经验。

基金真的是**稳赚**
不赔的投资吗

这天，刘叔叔来到洋洋家，和洋洋爸聊起了投资。刘叔叔说："我准备买基金，基金经理说了，这只基金稳赚不赔，你也跟我一起买吧！"

洋洋听了，忍不住打断道："基金是什么？"

洋洋爸解释道："基金是一种投资工具，许多投资人把钱交给基金公司，基金经理会拿这些钱去投资，赚到钱后投资人就可以享受分红了。"

洋洋又问："基金真的稳赚不赔吗？"

洋洋爸说："基金的风险的确比较低，但也不是稳赚不赔的，如果投资者不谨慎，就有可能亏损。"

1 基金是将多个投资者的资金集合起来，由专业的基金管理机构进行投资操作，再将投资收益分配给投资者。

2 和股票相比，由于基金采用组合投资的方式，且由专业人士管理，投资者面临的风险相对较低，但是收益也比较低。

3 任何理财产品都存在风险，尽管相对于其他高风险投资工具来说，基金的风险较低，但也有亏损的可能。

基金有 广义 与 狭义 之分

　　广义的基金，是指某些机构为了某种目的将众多个人的钱集中到一起，是具有一定数量的资金，比如养老基金、住房公积金、健康基金、公益慈善基金等。狭义的基金，是指证券投资基金，也就是人们进行投资和买卖的金融商品，包括开放式基金和封闭式基金，它主要投资于股票、债券等。

如何挑选一只好基金

不同类型的基金有着不同的投资目标和风险等级，由于基金是一种间接投资工具，需要委托基金管理公司进行运作，因此挑选基金可是个麻烦事，我们必须综合考虑基金品种、基金经理、基金管理公司等多方面因素，具体可以参考下表：

步骤		具体操作		
1	选择基金品种	根据历史业绩、累计收益、规模大小、风险偏好选择适合的基金品种。	偏好高收益，风险承受能力强。	股票基金
			追求稳妥。	保本基金或货币市场基金
			偏好低风险，追求流动性。	货币市场基金
2	选择基金经理	根据投资理念、投资风格、过往业绩选择投资经理，买入基金后，还要留意基金经理的变更。		
3	考察基金管理公司	调查公司的过去业绩、内部管理机制、研究水平和客户服务等情况，也可参考权威中介机构的评级报告。		

敲重点！我来支招

1 小孩子一般是不可以购买基金的，我们可以跟着爸爸妈妈学习购买、投资基金的技巧和理念，锻炼我们的财商。

2 在购买基金时不能"喜新厌旧"，虽然新基金有价格低等优势，但也有着更大的风险。

3 不以短期涨跌论英雄。短期涨跌并不能完全反映一只基金的优劣，应以长期考察的综合评估作为判断依据。

国家真的会向我们借钱吗

　　春节后，小博激动地找到爸爸："爸爸，我今年收到了5000元压岁钱，有没有什么好的理财产品啊，我想让这笔钱'生'些钱出来！"爸爸问："和以前一样，存进银行不好吗？"小博说："银行的利息太少了，我想买个利率更高但是风险又很低的产品。"

　　爸爸笑了笑说："恐怕只有国债符合你的要求了。""国债是什么？"小博问，"是国家向我们借债的意思吗？"

　　爸爸解释道："差不多，国债是债券的一种，简单来说就是国家向我们借钱后，给我们打的欠条。这种'欠条'不仅是最安全的理财产品，而且利率还比储蓄高呢！"

① 简单来说，债券是指发行主体向投资者发行的债务凭证，投资者购买债券就相当于借款给机构并获得一定的利息回报。

② 在我国，债券的发行主体包括国家、地方政府、金融机构和企业。国家发行的债券有国库券、国家经济建设债券、国家重点建设债券等。

③ 国债是国家发行的债券，也可以理解为国家向公众募集资金的一种方式。国债是最常见的债券类型之一，而且是信用度最高的债券，被公认为最安全的投资工具。

债券市场并非毫无风险

债券市场虽然相对稳定，但也存在一些风险。比如由于企业没能获得足够的收益，难以偿还本息的违约风险；债券的利率变动与价格变动方向不符，给投资者带来损失的利率风险。除此之外，还有通货膨胀风险、赎回风险、流动性风险等。

去哪里购买债券呢？

债券市场是进行债券交易的主要场所。我国的债券交易场所分为两类，分别是发行市场（又称"第一级市场"）和流通市场（又称"第二级市场"）。不同市场、不同类型的债券，购买方式不同，具体如下：

债券市场	债券类型	购买方式及地址
发行市场（一级市场）	凭证式国债	到银行柜台认购。
	记账式国债	委托证券公司认购或向指定的国债承销商认购。
	企业债券	到发行公告中公布的营业网点认购。
	可转换债券	在证券交易所交易或通过券商平台购买。
流通市场（二级市场）	记账式国债	通过商业银行柜台进行交易。
	记账式国债、上市企业债券和可转换债券	通过交易所买卖。

敲重点！我来支招

1 在购买债券之前，我们应该先了解发行机构的信誉和财务状况、债券的类型、预期收益率、债券到期时间等因素，综合考虑，做出合理的决策。

2 购买债券时也要注意购买不同发行机构、不同类型的债券，从而分散风险。

3 小孩子也可以购买国债，但必须在家长的陪同下购买。

为什么**大人们都想买房**

　　周末，爸爸妈妈带着小雅来到一家售楼中心。售楼中心里人头攒动，大家都在沙盘前一边端详，一边轻声交流着。小雅好奇地问道："为什么大人们都这么爱买房呢？"

　　妈妈解释道："因为有房子才有稳定的生活啊。"

　　小雅继续问："可是我们家有房子住啊，为什么还要买新房子呢？"

　　爸爸说："买房也是一种投资方式，爸爸妈妈打算用积蓄买一套新房子，然后租出去，获得稳定的收益。以后等房子升值了，咱们还可以把它卖掉，获得更大的收益。"

你必须要知道的!

1 房产投资是指通过购买住宅、商铺、车位等建筑物从而追求回报的投资行为。

2 房产投资与我们常说的"房地产投资"有一定区别,因为房地产投资还包括了房地产开发业务,范围更广一些。

3 虽然房产投资是一种比较稳定的投资方式,但受到宏观经济、供需关系等因素影响,房产投资也有可能亏损。

　　许多人认为买房应该是一种消费行为,实际上,买房既可以被视为消费行为,也可以被视为投资行为,这取决于我们的需求和目的。如果我们买房是为了居住,并不在乎房屋升值或贬值,那么它就是消费行为;如果我们买房是希望通过交易房屋来获取一定的收益,那么它就是投资行为。

房产投资的五大要点

要点	措施
选址	选择交通便利、生活设施齐全、教育资源丰富、绿化和休闲设施完备的楼盘。
价格	分析房产市场、购房预算、贷款额度，考虑房产的折扣和优惠，寻找性价比高的房产。
房产类型	住宅房产、商业地产、写字楼、工业地产。
政策	了解购房限制、土地供应、房产税、优惠政策、宏观调控政策等。
专业建议	寻求专业房产顾问的建议、关注行业资讯、参加房地产投资培训和研讨会、加入房地产投资社群。

敲重点！我来支招

1 通常来说，投资房产是爸爸妈妈的事情。我们小孩子虽然没能力买房，但是可以从中学习一些理财知识。

2 为了避免后期产生纠纷，投资房产前一定要注意房屋手续是否齐全、房屋产权是否明晰等因素。

3 投资应该量力而行，不能因为盲目追求利益而忽略自身经济实力以及风险承受能力。

锁定未来的投资方式——期货交易

　　小桐的爸爸是个经验丰富的投资者，最近，棉花的价格不断下跌，爸爸敏锐地察觉到其中的商机，他提前和农民签订了许多棉花的期货合约。小桐不解地问："爸爸，您为什么要买这么多棉花？"

　　爸爸解释道："我并没有买棉花，我只是签订了一些期货合约。期货其实是一种买卖商品的约定，可以以提前确定的价格在未来买卖某种商品。爸爸判断未来棉花会涨价，于是提前签订了低价购买棉花的期货合约。等未来棉花价格上涨，爸爸再将合约出售。"

　　几个月后，棉花果然涨价了，爸爸以高价将合约卖出，获得了一大笔收入。

① 期货是交易双方在未来的某个时间，按照事先约定的价格买卖某种资产的合约，这个资产可以是商品，也可以是金融工具（如股票、基金）。

② 假设我们签订了一份要在未来购买某项资产的期货合约，当这项资产的价格高于约定的价格时，我们就能从中获利。

③ 期货投资最大的特点就是以小博大，虽然能获得很高的收益，但也伴随着很大的风险。因此，需要投资者具备相当专业的知识和经验。

期货的本来用途

最初，期货并不是一种投资工具，而是为了降低风险而诞生的。在当时，交易双方为了减少未来可能出现的风险给双方带来损失，于是通过签订长期协议的方式将货物的价格锁定。期货市场最早萌芽于欧洲，我国的现代期货市场交易所于20世纪90年代出现。

个人怎样投资期货

步骤	内容
开户	了解期货经纪公司的经营情况、信誉和收费水平等； 开立期货账户，签订《期货经纪合同》并缴纳开户保证金
下单	向期货经纪公司下达交易指令，包括市价指令、限价指令、取消指令
结算	期货经纪公司为投资者进行结算； 结算款项包括当日盈亏、交易手续费、交易保证金
交割	实物交割（商品期货、国债期货和外汇期货等）； 现金交割（股指期货、利率期货等）

47

敲重点！我来支招

1 未成年人无法开立期货账户，但我们可以和爸爸妈妈学习投资期货的知识，或者进行模拟期货投资。

2 投资期货一定要有明确的目标和策略，我们要提醒爸爸妈妈提前确定投资的进场点、出场点、止损点、止盈点等。

P2P 平台安全吗

    这天，诚诚去找表哥玩。表哥正在房间里聚精会神地看着电脑，过了一会儿后情不自禁地笑出了声："哈哈，这回赚了！"

    诚诚好奇地问表哥怎么了。表哥说："我最近发现了一个低风险、高收益的 P2P 平台，我已经把我的'小金库'都投进去了，平台承诺下个月就会给我返利。你也来投资吧！"

    诚诚想起爸爸平时说过，任何承诺"低风险、高收益"的投资都是陷阱，于是果断地拒绝了表哥。

    果不其然，一个月后，表哥不仅没有收到任何利息，他全部的"投资"也随着平台的跑路而打水漂了……

你必须要知道的！

1 "P2P"是英文缩写，意思是个人对个人，又指点对点网络借款，是一种将小额资金聚集起来借贷给有资金需求的人，并收取一定利息的借贷模式。

2 "P2P"是一种网络贷款形式，与传统银行贷款相比，"P2P"省去了银行这个中间人，借贷双方可以直接进行沟通，并且有着更高的收益，因此吸引了很多人投资。

警惕高收益陷阱

近年来，网络上涌现出许多类似"P2P"的投资方式，虽然这些投资方式为投资者增加了收入渠道，但也给犯罪分子提供了机会。犯罪分子往往会利用"高收益""低风险"等承诺吸引投资者，然后将投资者的钱"卷"走，致使很多投资者轻则颗粒无收，重则倾家荡产。所以，我国一直在严厉打击不正规的"P2P"平台。

如何辨别 P2P 投资陷阱？

随着互联网金融投资平台的不断增多，不法分子以各种方式引诱、欺骗投资者进行投资，然后"卷钱跑路"的案例也层出不穷。如何辨别投资陷阱、跑路平台，成为投资者关注的焦点。我们可以通过以下内容辨别 P2P 平台中的投资陷阱。

项目	判断标准
注册信息	通过国家企业信用信息公示系统核实平台是否真实。
公司规范性	是否具备官方网站、微信公众号等对外渠道。
地址与电话	实地考察，确认公司地址和电话的真实性。
公司环境与证照	观察公司环境是否规范、证照是否齐全。
信用度与收益率	选择品牌规模大、实力强的平台，避免低收益率和高风险的平台。
股东背景与实力	股东为国资、风投、银行或有创业成功经验和实体公司支持的平台较安全。
借款人资料	确保资金投向和借款人资料完整，抵押物清晰，可随时查看。

敲重点！我来支招

1 天上不会掉馅饼，面对任何允诺"高回报""快速致富"的投资平台，我们都要保持冷静，谨慎辨别，应选择声誉良好、监管合规、透明度高、风控措施完善的投资平台。

2 若发现一些可疑的网络投资平台，或者身边有人已经遭遇 P2P 诈骗时，我们要及时报警并向中国银行保险监督管理委员会投诉，以此维护我们的合法权益和互联网金融的稳定。

买彩票真能"一夜暴富"吗

　　最近，妈妈由于工作比较忙，便请舅舅帮忙接小龙放学。这天，妈妈提前下班，在回家路上正好看到小龙拉着舅舅的胳膊不断央求："好舅舅，你再给我多买两张吧，这回肯定中奖！"

　　妈妈严肃地走过去，严厉批评道："你不回家写作业，竟在这里买彩票！"

　　小龙连忙解释道："我买彩票不是为了玩。我看到新闻上说，有个人买彩票中了几千万。我也想中大奖。"

　　妈妈叹了口气，说："傻孩子，彩票中奖的概率微乎其微，你不要做这样的白日梦了。"

你必须要知道的!

1 彩票是一种以筹集资金为目的发行的、通过抽奖的方式让参与者购买的凭证。

2 由于彩票的中奖号码是随机生成的,因此中奖概率是非常低的,中大奖往往需要极大的运气,只有极少数人才能如此幸运。

3 购买彩票可以给人们带来一种刺激和期待的感觉,但我们不能指望靠买彩票来获得财富,而是应该将其当作一种娱乐方式,避免过度投入和过分期望。

彩票是骗局吗?

中国福利彩票是 1987 年开始由中国福利彩票发行中心发行的,中国体育彩票是由国家体育总局体育彩票管理中心发行的。发行彩票是为了筹集社会公众资金,促进社会福利事业发展。我国的彩票必须经过财政部审核以及国务院批准才能发行,因此彩票其实是国家合法发行的一种博彩方式。但是,一些不法分子利用人们的侥幸心理,宣传"高回报""稳赚不赔"的彩票,这些往往都是骗局。

分清"投资"与"投机"

我们年纪还小，对于投资理财的理解不深，因此难以区分投资和投机。其实，区分二者的关键是动机，以及对他人和社会有无好处。投资是指用资金购买某个理财项目或事物，以期望未来获得一定的利润；而投机往往是一种在短期内追求高利润的行为。二者往往有以下区别：

	投资	投机
时间跨度	长期持有资产	短期买卖行为
目的	长期增值和获利	短期获利
风险承受能力	较高	较低
理财方式	深入研究和分析市场趋势及个人资产进行选择。	仅通过市场波动和价格走势做出决策。
举例	经过充分研究，购买长期股票，获得持续收益。	仅凭短期涨跌购买股票，频繁买入、卖出，赚取差价。

敲重点！我来支招

1 根据我国法律规定，彩票是禁止向未成年人销售的，我们也不应该主动去购买彩票。

2 希望通过购买彩票发大财，本质上是一种投机行为，这是不现实的，我们要靠自己的劳动来换取收入。

3 如果我们想买彩票娱乐一下，可以让爸爸妈妈帮忙代买，但要认准正规的彩票实体店。

警惕披着游戏外衣的赌博行为

最近，爸爸发现小武沉迷于手机游戏，经常一玩就是几小时，而且零花钱也花得非常快，爸爸对此十分担忧。一天，爸爸推开小武的房门，只见小武正神采飞扬地说着："好！又赚了5块钱！"

爸爸从小武手中夺过手机，生气地说："你最近过分沉迷于游戏了！"小武辩解道："爸爸，您误会了，您不是经常买一些理财产品吗？我在学您进行投资。这款游戏虽然花钱，但只要赢了就能获得奖金。您看，我已经赚了几十块了！"

爸爸摇摇头说："傻孩子，你这种行为并不能算是投资，而是赌博，这是网络赌博诈骗常见的套路，你现在已经'上套'了！"

你必须要知道的!

1 在网络游戏中充值、获利的行为虽然看上去像是"用钱生钱",但并不是投资行为,更多的是一种娱乐消费方式。

2 网络赌博诈骗是通过包装成网络游戏、竞猜、彩票等软件,吸引用户注册并进行充值、下注,从而骗取他人财物的行为。

3 赌博虽然有可能获得回报,但其实是一种依赖运气的行为,没有方法或策略可言,与投资是完全不同的概念。

警惕层出不穷的网赌诈骗

网络赌博诈骗形式千变万化,可能会包装成各种娱乐软件的样子,比如一些直播软件会吸引观众打赏、充值,进而在直播间参与一些赌博游戏;还有一些体育新闻软件利用热门球赛吸引球迷下注,制造一种"看球可以赚钱"的错觉。"网赌"诈骗防不胜防,但它们的目的只有一个,那就是骗取我们的钱财,只要我们不轻信、不参与,就能守好自己的钱包。

让人上瘾的"网赌"游戏

网络赌博游戏为什么这么容易让人上瘾呢?

大多数"网赌"游戏在前期都会让玩家尝到一些"甜头",让玩家产生"很容易赚钱"的错觉,利用人们追求利益的心理让玩家渐渐上瘾。

"网赌"游戏又是怎样吸引玩家充值的呢?

"网赌"游戏的结果往往都是经过精心设计或人为操控的,使人产生一种赢多输少的错觉。这时候,一些有侥幸心理的人就会选择充值,博取利润。

那我赢了一些钱后立刻提现不就可以赚到钱了吗?

这些"网赌"游戏套路很深,当玩家充值了大量金额或赢了一大笔奖金想要提现时,它们会以各种理由限制玩家提现,然后要求玩家支付一大笔"解封费""服务费"等,玩家由于迫切地想要获得奖金便会缴纳费用,但结果往往是"鸡飞蛋打"。

59

敲重点！我来支招

1 通常来说，具有提现功能的游戏软件很可能涉嫌赌博，我们一定要警惕这类软件。

2 我们在保持警惕的同时也要监督好家人和朋友，发现他们在玩涉嫌赌博的游戏时要及时制止他们。

3 我们不能指望靠任何形式的赌博来赚钱，而是要在财务规划与理性投资中获得正当收益。

于 静 ◎ 主编

给孩子的 财商
养成课

了解世界金融观

黑龙江科学技术出版社
HEILONGJIANG SCIENCE AND TECHNOLOGY PRESS

图书在版编目（CIP）数据

给孩子的财商养成课. 了解世界金融观 / 于静主编
. -- 哈尔滨 ：黑龙江科学技术出版社，2024.5
ISBN 978-7-5719-2376-1

Ⅰ．①给… Ⅱ．①于… Ⅲ．①理财观念－少儿读物
Ⅳ．① F275.1-49

中国国家版本馆CIP数据核字（2024）第 079181 号

给孩子的财商养成课. 了解世界金融观
GEI HAIZI DE CAISHANG YANGCHENG KE . LIAOJIE SHIJIE JINRONG GUAN

于静　主编

项目总监	薛方闻	
责任编辑	李　聪	
插　　画	上上设计	
排　　版	文贤阁	
出　　版	黑龙江科学技术出版社	
	地址：哈尔滨市南岗区公安街 70-2 号　邮编：150007	
	电话：（0451）53642106　传真：（0451）53642143	
	网址：www.lkcbs.cn	
发　　行	全国新华书店	
印　　刷	天津泰宇印务有限公司	
开　　本	710 mm×1000 mm 1/16	
印　　张	4	
字　　数	41 千字	
版　　次	2024 年 5 月第 1 版	
印　　次	2024 年 5 月第 1 次印刷	
书　　号	ISBN 978-7-5719-2376-1	
定　　价	128.00 元（全 6 册）	

给孩子们的一封信

在一个人的成长之路上，智商和情商十分重要，财商也不能被忽略。财商，简单地说就是理财能力。人的一生处处离不开金钱，想要拥有辉煌人生，就需要正确认识金钱，理性进行消费和投资。这些在经济社会中必须具备的能力不是天生的，而是需要进行后天的学习。

如果不从小培养财商，就会在童年这个最容易塑造自身能力的时期"掉队"，长大后再想弥补，往往可能事倍功半。所以，只有在少年时期就学会与金钱打交道，才能在未来更好地创造财富、驾驭财富，成为金钱的主人。

为了响应素质教育的号召，培养智商、情商与财商全面发展的新时代少年，我们编著了"给孩子的财商养成课"丛书。在这套丛书中，小读者可以了解货币的起源，认识到钱来之不易，懂得理性消费、有计划花钱的重要性，同时还可以对赚钱、投资等进行一次"超前演练"。此外，对金融体系的核心机构——银行，以及一些重要的国际金融理念，这套丛书也进行了一些简要的介绍。整套丛书图文并茂，注重理论与生活实践相结合，力图全方位提升小读者的财商。

还等什么，赶紧翻开这套丛书，开启一段"财商之旅"吧。

目录 CONTENTS

金融就在每一个人的身边

扬扬的爸爸是一位金融工作者，在爸爸的影响下，扬扬对金融知识很感兴趣，还常常给班级里的小伙伴讲。

这一天课间，扬扬又在给大家上"金融课"了，前桌的丁当回过头说："扬扬，你讲这些有什么用啊？我觉得金融离我们的生活太遥远了。"

扬扬一本正经地摇摇手指，说道："错了，金融其实就在每一个人身边。想一想，谁家里没有存款呢？很多家庭还要贷款买房、买车，这些都是金融活动。"

你必须要知道的！

1 金融不是"聪明人"的专利，我们身边处处都是和金融有关的事情。每一件物品、每一项服务，都可以变成金融产品。

2 金融活动并不复杂，其实就是钱生钱、钱滚钱。让金钱流通到最有效率的地方，并获得资本的增值和扩张，就是金融活动的目的。

金融是现代经济的血脉，每一个人都与金融息息相关。我国正在努力走向金融强国，我们也有必要"与世界接轨"，了解金融知识，为未来的金融生活铺路。

金融学的几大原理

原理	简介
杠杆原理	指投资者利用负债放大投资金额，使最终的收益或损失都等比例增加的原理。
复利原理	指每一个计息期都将利息加入本金，以计算下期的利息，即以利生利。
二八定律	指任何一组事物中，最重要的只占20%，其余的80%都是次要的。例如，想要获得比市场高20%的收益，就要付出超80%的风险。
洼地效应	指利用比较优势，创造理想的环境来吸引外来资源，促进本地的发展。
博傻理论	指在金融市场中，人们会不管某产品的真实价值高价购买，目的是希望有一个"傻子"来花更高价格买下。
马太效应	指有钱人会越来越富有，而贫穷的人会越来越贫穷，是一种两极分化的社会现象。

敲重点！我来支招

1 我们在少年时期就了解一些基本的金融知识，有助于形成正确的消费观念，有利于未来更好地管理财务。

2 我们要增强金融风险防范意识，学会识别并避免一些常见的金融风险，有助于在未来投资时远离金融诈骗，保护自己的财产安全。

3 我们初步了解金融行业相关的一些知识和技能，能为将来的职业规划打下基础。

信用是金融活动的基石

　　一天，莉莉的叔叔来她家里做客，莉莉非常开心。但是，叔叔始终心事重重，莉莉问："叔叔，你为什么不开心啊？"

　　叔叔说："我本来想去住酒店，但是酒店竟然不让我入住，真郁闷！"

　　莉莉问："为什么呀？"

　　她这一问，叔叔反倒有些不好意思了，说："我的几张信用卡都有不良记录。"

　　莉莉还是不明白："信用卡和住酒店有什么关系呢？"

　　叔叔说："信用卡有不良记录，就会影响到我的个人信用；个人信用不仅会影响住酒店，对贷款、坐高铁、坐飞机都有影响。"

1 信用是现代金融的基石，没有信用，全世界的金融活动都无法运转。

2 使用信用卡透支消费之后没能按时还款，就会产生逾期记录；进行贷款，没有按期还款，也会出现不良记录。

3 如果别人贷款时我们提供担保，对方没能按时还款，我们的个人信用中也会出现逾期记录。因此为别人提供担保时，一定要慎重。

什么是征信

古人云："君子之言，信而有征。"征信在今天已经成为我们每个人的"经济身份证"，我们要想在经济活动中畅行无阻，就必须保持良好的信用记录。如果出现不良记录，不仅会在办理贷款、申领信用卡等行为中受阻，还可能影响坐高铁、坐飞机、住酒店等。

信用的**种类**

名称	简介
国家信用	国家以债务人身份向国内人民取得的信用。不同的国家运用信用的方式不同，我国主要是发行债券和吸收存款。
银行信用	银行以货币形式提供的信用，如向企业和个人提供贷款等。
商业信用	卖方以延期付款方式出售商品而提供的短期信用，是现代信用的基础。
个人信用	基于信任，通过一定的协议或契约提供给个人（及其家庭）的信用。个人信用是整个社会信用的基础。
消费信用	企业、银行或者其他消费信用机构向消费者个人提供的信用，通过赊销、分期贷款等方式来体现。

敲重点！我来支招

1 我们要尽早建立自己的信用记录。因为保持良好信用记录的时间越久，就越能赢得银行等机构的信任。

2 在拥有个人信用记录之后，我们要按时还款和缴纳各种费用，努力保持良好的信用记录。

3 我们查询"个人信用报告"发现错误之后，必须及时联系提供报告的机构，纠正错误信息。

货币的流通

≠消费主义

  欢欢的小姨喜欢名牌包，每一个都价值不菲。欢欢发现，和妈妈、小姨一起逛街时，人们都用羡慕的眼光看着小姨，小姨也非常享受被人瞩目的感觉。

  过了一阵子，欢欢听说小姨闯了祸：她的包都是透支信用卡买的，透支太多已经还不上了。银行找到了欢欢的外公，外公卖了房才帮她还上。

  从那以后很久，欢欢都没见过小姨。当小姨再次来到欢欢家时，她的衣着朴素多了，还对欢欢说："你长大了可别学小姨，我被消费主义害得不轻。"

你必须要知道的!

1 金融就是货币从一个地方流通到另一个地方、从一个国家流通到另一个国家。而货币的流通则是商品的流通——消费引起的。消费必不可少,消费至上的消费主义却并非如此。

2 随着全球化的到来,产生于西方国家的消费主义思想也不可避免地来到了我国。如果不对自己的消费主义思想加以控制,可能导致过度消费、超前消费,进而陷入严重的负债中去。

认识消费主义

19世纪,西方国家的生产力在科技革命的推动下有了天翻地覆的变化,进入了生产相对过剩的时代。物质的极大丰富,使很多人开始崇尚和追求过度占有和消费商品或服务。有人甚至认为,西方的快速发展,消费主义功不可没。

消费主义的利与弊

　　勤俭节约是中华民族的传统美德，因此消费主义出现在中国时，也是争议不断。客观来说，消费主义是有利也有弊的，只有有节制地消耗物质财富，并在社会价值观方面积极进行正向引导，才能让消费主义在促进经济发展的同时避免对价值观造成扭曲。

利	弊
促进生产 消费主义带来的高消费会提高社会生产水平。	**享乐主义** 沉迷消费，追求生活享受，容易让人精神颓废。
创造就业 社会生产水平的提高，会创造更多岗位。	**拜金主义** 消费主义容易让人产生金钱至上的观念，认为金钱万能，造成观念的扭曲。
增加税收 社会消费水平、生产水平提高，国家税收也会增加。	**过度消费** 超出自己基本需求和支付能力的消费，容易扭曲个人品格，影响社会风气。
改善生活 人们将货币用来消费，生活水平自然会提高。	**浪费资源** 很多都是没有必要的消费，导致资源浪费。

敲重点！我来支招

1 我们要形成正确的价值观，明白内在品质比物质拥有更重要，认识到攀比消费并不能带来真正的快乐。

2 我们要掌握一定的理财知识，正确认识金钱，理性消费，拒绝浪费。

3 适度的超前消费，在社会上已经屡见不鲜，我们不要将其视为洪水猛兽，但是要学会量力而行。

金融活动的"舞台"有哪些

　　一个周末，强强跟随妈妈去银行办业务。等待期间，妈妈给强强讲起了金融的基础知识。

　　妈妈说："从事金融活动，最核心的机构就是银行。"强强感叹道："哇，原来银行这么厉害。"

　　妈妈说："以银行为核心的金融市场，主要分为四大部分：货币市场、资本市场、外汇市场和黄金市场。这四大市场就是金融活动的'舞台'了，每天都有无数的货币在这里流通。"

　　强强说："妈妈，等回家再给我讲吧，现在有一笔货币就要流通到你手里了……在叫你的号呢！"

1 货币市场又叫短期金融市场,是指一年期限内交易的市场。票据市场、回购市场等属于货币市场。

2 资本市场期限在一年以上,以长期金融工具为媒介。股票市场、基金市场等都属于资本市场。

3 外汇市场就是买卖外汇的场所,包括各大商业银行、进出口商等。

4 黄金市场就是集中进行黄金买卖的场所,如黄金交易所、商业银行黄金业务等。

特殊的金融市场

金融市场交易的对象不是普通的实物商品,而是特殊的商品——货币资金及其衍生物。金融市场是一个十分复杂的庞大体系,可以将众多投资者的买卖意愿聚集起来,提高交易的成功率。

主要金融市场简介

分类	简介
股票市场	发行市场（证券公司等）通过发行股票筹资，又称为一级市场；流通市场（证券交易所）将发行的股票进行转让，又称为二级市场。
基金市场	汇集众多的分散投资者的钱，委托专家按照一定的投资策略统一进行投资，共同分享利润、承担风险。
外汇市场	世界上最大的金融市场。参与者包括银行、商业公司、对冲基金、跨国组织和各国政府等。
保险市场	包括保险的供给方、需求方和中介方，交易对象为各类保险商品。
债券市场	主要为国债，成本低、风险低，收益率也较低。
黄金市场	流通性最高的金融市场，伦敦和纽约是最大的两个黄金交易市场。

敲重点！我来支招

1　人们如果想进行投资，喜欢追求高风险和高回报的，可以选择股票市场、期货市场等；喜欢稳妥一些、细水长流的，可以选择基金市场、债券市场等。

2　投资时要注重风险管理，尽量不要只选择一种投资方式，也就是"不要把所有的鸡蛋都放在同一个篮子里"。

世界金融中心
的前世今生

　　放暑假了，爸爸妈妈带着豆豆到上海游玩。一家人坐在黄浦江的游轮之上聊天。爸爸指着远处的高楼大厦说："豆豆你看，在那些大厦里，全世界无数的钱正在进行流通呢。"

　　豆豆问："全世界的钱为什么会聚集到这里呢？"

　　爸爸说："因为上海是金融中心啊。"

　　豆豆问："金融中心是什么啊？"

　　爸爸说："金融中心就是那些聚集了大量金融机构、金融产业的城市或者地区。上海就是一个著名的金融中心，我国许多著名的金融单位都在这里。"

1 世界金融中心的进出口贸易和资本的输出与输入流量都在世界上占有很大的比重。

2 世界金融中心所在国的货币在国际支付中使用较多，是重要的国际储备货币。

3 世界金融中心一般地理位置优越、交通便利、设施完善，金融机构高度集中。此外，那里金融管制较少、税率较低，经济、政治都相对稳定。

世界著名三大金融中心分别是伦敦、纽约和香港，并称"纽伦港"。世界第一个金融中心——伦敦，曾"独霸"金融界数百年。第二次世界大战后，英国日益衰落，纽约取代了伦敦的地位。后来，东京、香港、法兰克福、苏黎世等群雄并起，伦敦则最终"王者归来"。

世界 金融 中心

名称	简介
伦敦	英国首都伦敦是第一个世界金融中心，至今依然是世界三大金融中心之一，在外汇市场占据着主导地位。
纽约	纽约是美国第一大城市，也是世界三大金融中心之一，著名的华尔街在世界金融中极具影响力。
香港	中国香港是世界主要金融中心，银行业尤为发达。
东京	东京有"金融之都"的美称，有很多大型银行和证券交易所。
新加坡	新加坡是一个城市国家，有着专业、高效的金融服务。
法兰克福	法兰克福是欧洲货币机构聚集的地方，是德国金融业的象征。

敲重点！我来支招

1 要了解世界金融中心的重要地位，我们可以阅读相关书籍，自主学习金融学相关知识，这样能对世界金融有一个更深刻的了解，从而培养我们的财商。

2 如果有条件，我们可以到世界金融中心去参观游览，特别是那些著名的金融机构，能够开阔我们的视野，培养我们的全球化意识，为未来的跨文化交流和合作做好准备。

"神通广大"的国际货币体系

　　暑假到了，小杰的爸爸准备带他出国旅游。动身前几天，爸爸让小杰陪自己一起做了各种准备。最后，爸爸说："走，跟我一起去银行兑换美元吧。"

　　小杰问："为什么要兑换美元？我们又不去美国。"

　　爸爸说："因为在国际货币体系中，美元是主导性的国际货币，在我们去的国家能直接使用。"

　　小杰还是好奇："国际货币体系是什么？"

　　爸爸回答："国际货币体系就是世界各国为了进行国际贸易和国际支付所确定的原则、采取的措施和建立的组织的总称。国际金融发展得这么迅猛，国际货币体系可立了大功。"

你必须要知道的!

1 国际货币体系能够调节国际收支，决定汇率并调节汇率。

2 货币或国际储备资产的数量和构成，以及国际货币合作的形式和机构，是由国际货币体系决定的。

3 国际金融市场的运行、资本在其中的流动，都受国际货币体系的支配。

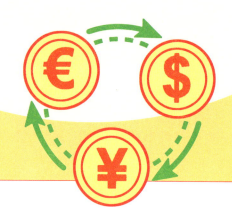

国际货币体系的核心是汇率；国际货币体系的基础，则是货币本位，即规定货币标准的货币制度。国际货币体系作为国际金融的核心，起着关键的作用。

国际货币体系的发展

国际金本位制：属于固定汇率制，以黄金充当国际货币，盛行于 19 世纪末到 20 世纪初。该制度下货币数量的增长主要依赖黄金产量的增长，当黄金都掌握在少数国家手中时，就难以维持了。

布雷顿森林体系：美元与黄金挂钩，其他国家货币与美元挂钩，实行固定汇率制度。美元危机频繁爆发后，该体系在 1971 年结束。

牙买加体系：这是现行的国际货币体系。该体系允许各国货币在相对固定的汇率范围内进行浮动，黄金不再是各国货币的唯一支撑物。

敲重点！我来支招

1 认识世界主要货币

认识世界主要货币，知道它们是如何在国际范围内发挥职能的，有助于理解货币的价值。

2 理解国际货币体系

想要理解国际货币体系，我们就需要分析数据、提出假设、进行研究和批判等，这对我们未来参与金融活动具有潜在的意义。

3 培养国际视野

培养国际视野，懂得在不同文化背景下理解和尊重他人，才能真正理解国际货币体系的意义。

你知道吗，金融市场有个"晴雨表"

一年前，爸爸为了培养吴迪的财商，把他带到了银行，和自己一起进行定期储蓄。今天期限到了，爸爸又和吴迪一起来到银行，把钱取了出来。

回到家中，爸爸让吴迪把钱数一遍，吴迪数完后说："爸爸，银行算错钱了吧，多给了咱们一百多块呢！"

爸爸笑着说："银行可没有算错，这是给我们的利息。"

吴迪说："哇，这利息还不少呢！银行是根据什么标准给我们这些利息的？"

爸爸回答："这个标准就是利率。利率不仅影响我们的利息，还是金融市场的'晴雨表'，投资者想要获利就必须关注利率。"

你必须要知道的!

1 经济过热、出现通货膨胀时，可以提高利率，一部分想要贷款投资（投机）的人就会望而却步；待通货膨胀得到控制的时候，就可以适当降低利率。通货紧缩时则可以借降低利率来刺激经济的发展。

2 利率水平直接影响外汇的汇率。可以说，某货币利率上升，就会吸引人们购买；利率下降，人们的购买意愿也会随之降低。

利率指一定时期内利息额与本金（存入或贷出金额）的比率，一般用百分比来表示。利率一般分为年利率、月利率、日利率。利率水平受货币政策、市场供求关系、风险程度等诸多因素的影响。

利率体系

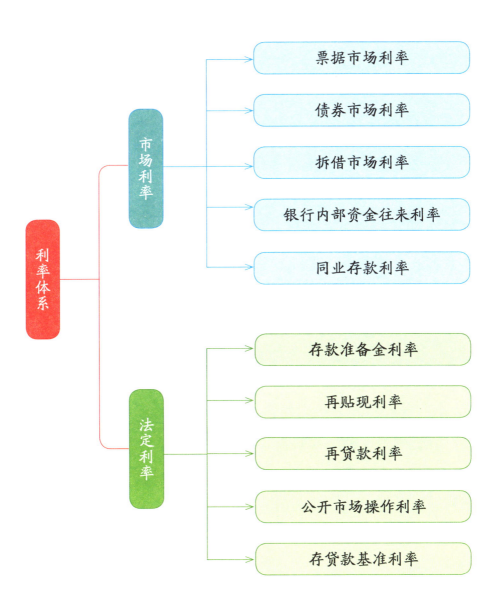

- 利率体系
  - 市场利率
    - 票据市场利率
    - 债券市场利率
    - 拆借市场利率
    - 银行内部资金往来利率
    - 同业存款利率
  - 法定利率
    - 存款准备金利率
    - 再贴现利率
    - 再贷款利率
    - 公开市场操作利率
    - 存贷款基准利率

敲重点！我来支招

1 计算利息

怎么计算利息呢？利息分为单利和复利。单利比较容易计算，例如，我们往银行存 100 元，年利率 5%，那么一年后就变成了 105 元；复利不仅要计算本金的利息，还要计算本金的利息的利息。例如，我们从银行贷款 100 元，年利率是 5%，一年后要偿还 105 元。两年后则要偿还 110.25 元，这 0.25 元就是第一年的利息 5 元产生的利息。

2 学有所用

我们学习了利率知识后，就可以当爸爸妈妈的"小参谋"了。例如，出现通货膨胀的迹象时，利率会随之上升，我们可以劝阻爸爸妈妈，让他们暂时不要进行大额投资。

国际贸易的纽带
——汇率

　　一个周末，睿睿正在写作业，他的姐姐突然风风火火地要出门。睿睿很好奇，问："姐姐，你要去哪儿？"

　　姐姐匆忙地说："我要去银行兑换一些日元。"

　　睿睿问："为什么呀？"

　　姐姐说："因为日元汇率跌了，而我今年就要去日本留学。现在兑换一些，比前一阵子省不少钱呢。"

　　睿睿又问："日元为什么会跌呀？"

　　姐姐说："新闻上说，是因为日本对外贸易连续逆差才不得不降低汇率。好了，我出门了，再见。"

1 金融学上决定汇率高低的标准叫作"购买力平价"，即某国货币能支付得起的商品和服务的价值决定其汇率。

2 汇率上升，就会促进出口、抑制进口，还能抑制通货膨胀；汇率下降，则会引起国内价格总水平的提高。

在经济全球化的背景下，各国贸易往来频繁，免不了进行货币兑换。两种货币之间兑换的比率就是汇率。汇率是国际贸易的杠杆，也是国家的金融手段。汇率的高低，往往对一国商品在国际上的竞争力产生重大影响。

汇率的**种类**

按国际货币制度划分	◎固定汇率：汇率只能在一定幅度内波动 ◎浮动汇率：汇率由市场供求关系决定
按制定汇率的方法划分	◎基本汇率：一般把对美元的汇率定为基本汇率 ◎套算汇率：按基本汇率套算出的其他货币汇率
按银行买卖外汇划分	◎买入汇率：银行买入外汇时的汇率 ◎卖出汇率：银行卖出外汇时的汇率 ◎中间汇率：买入价与卖出价的平均数 ◎现钞汇率：买卖外汇现钞时的兑换率
按银行营业时间划分	◎开盘汇率：银行刚开始营业时的汇率 ◎收盘汇率：一个营业日外汇交易终了时的汇率
按外汇交易分割期限划分	◎即期汇率：买卖外汇当天或两天以内交割 ◎远期汇率：未来一定时期内交割
按对外汇的管理划分	◎官方汇率：国家机构公布的汇率 ◎市场汇率：自由外汇市场上的汇率

敲重点！我来支招

① 查询汇率

怎么查询汇率呢？最方便、准确的方法就是在各大银行的官网或官方 APP 上查询。当然，在一些第三方金融网站上也可以进行查询。

② 购买进口商品

如果我们对某进口商品感兴趣，可以在人民币升值之后进行购买，这样就可以以更低的价格买到该商品。

③ 了解货币贬值

如果人民币贬值，无论是去国外旅游还是求学，我们都需要花更多的钱。这一点需要提前做到心里有数。

绚丽却注定破裂的 金融泡沫

艺卓是一个爱读书的女孩，遇到不懂的知识总是会向班主任张老师请教。

这一天，艺卓拿着一本书，来到讲台上问张老师："张老师，您能告诉我什么是'金融泡沫'吗？我能想象出这个词语是比喻金融的脆弱，具体指什么却不理解。"

张老师笑着说："我还是头一回见像你这么大的小姑娘关心金融泡沫的。所谓的金融泡沫，就是一些金融资产的市场价格远远大于实际价格。这种情况会造成经济上的虚假繁荣，一旦泡沫被戳破，就可能引发金融危机。"

你必须要知道的!

1 金融泡沫出现时，金融资产会出现连续涨价，市场价格会远远大于实际价格。

2 价格上涨会使投资者过度自信，一些原本理性的投资者也会被市场诱惑而入场；而一些不具备购买能力的人也会借贷入场，令泡沫更加膨胀。

3 金融泡沫达到顶点，多数人达成价格过高的共识，于是就一起抛售，金融市场迅速崩溃，引发金融危机或大萧条。

金融泡沫，是一种投资规模急剧膨胀导致的虚假繁荣。各行各业的人都觉得投资金融有利可图，忽略了实业经济，使得金融资产的市场价格远超实际价值。这样虚假的泡沫总有被戳破的一天，到时候资产价格下跌的速度远超膨胀速度，无数盲目的投资者只得承受倾家荡产的恶果。

郁金香泡沫

17世纪时，荷兰很多人因从事海上贸易致富，于是开始追求生活享受。

一年，美丽的郁金香从外国传入了荷兰，富人们争相购买，买不到的人就四处求购。

有人看到了商机，开始种植郁金香。由于郁金香花期太长，投机的人就找花农买下球茎，等开花了再凭合同来提货。

越来越多的普通人开始"炒花"，他们以合同为交易目标，以致合同价格飞涨，超出正常范畴。

郁金香要开花了，人们却开始对到底能卖多少钱失去了信心，于是争相抛售合同，导致郁金香价格迅速下降，成千上万的人倾家荡产。

这就是经济学史上最早的金融泡沫——郁金香泡沫的故事。

敲重点！我来支招

1 怎么观察金融泡沫的蛛丝马迹呢？如果我们发觉大量资产的价格远远高于其正常估价，金融泡沫可能就已经悄然出现了。

2 当发现房地产中介比饭店还多的异常现象时，金融泡沫可能就开始膨胀了，因为人们正在一窝蜂地去炒房。此时我们一定要提醒父母，需提高警惕。

震撼世界的金融海啸

一天，彤彤正在看一本财商书，突然抬起头问爸爸："爸爸，金融海啸是什么呀？"

爸爸回答："金融海啸就是金融危机呀。"

彤彤刨根问底："那金融危机是什么呀？"

爸爸思索了一下告诉女儿："如果一个国家或者几个国家的利率、汇率和股价等重要的金融指标都突然急剧恶化，就可能出现金融危机了。"

彤彤懂了一些，她说："要是利率、汇率和股价一起出问题，还真像一场海啸啊！"

1 金融危机首先伤害的是金融机构本身，大量银行、证券公司不得不破产或重组。

2 各国的金融业在国民经济中都占据着特殊地位，因此金融危机发生时各国政府都不得不出面救助银行等机构，这会给财政造成沉重负担。

3 金融危机后会进入一段萧条阶段，银行草木皆兵，会严格控制贷款的发放。再加上股市下跌，物价水平下降，这些都会使经济活动水平持续低迷，严重影响经济发展。

金融危机和经济危机

在经济繁荣期，人们会大胆地借钱进行投资，借得多到还不起了，金融危机就出现了；一旦出现金融危机，周期性的经济衰退——经济危机就不远了。"经济"比"金融"更加广泛，经济危机的影响也比金融危机更大。

金融危机的**生命周期**

　　金融危机一般分为周期性和非周期性两大类，通常不具备规律性，只要条件具备了，就会突然爆发，并迅速席卷多个国家，影响全球的金融市场。虽然缺乏规律性，但金融危机还是有一定的共通性的，通常都有各自的形成期、膨胀期和崩溃期。

　　一些经济学家根据过去的历次金融危机，总结出一个"七年魔咒"，即每过七年，就会发生一次较大规模的金融危机；而一次金融危机的生命周期，往往也是七年。当然，这个所谓的"魔咒"并不是那么准确，只是一个有趣的传言罢了。

阶段	表现
形成期	资金泛滥、商业停滞等，都被视为金融危机滋生的温床。有时候新的金融概念的产生和推广，也会成为金融危机的诱因。
膨胀期	经济繁荣时期，物价也会相应上涨，使大量投资者过度自信，借贷购买某项资产（如房产），使得金融泡沫迅速膨胀。
崩溃期	金融泡沫就像一个五彩斑斓但是脆弱无比的肥皂泡，膨胀到顶点之后就会迅速炸裂，所有投资者都会发现自己购买的资产价格过高了，于是一起抛售，价格开始迅速下滑，各种金融指标也受到严重影响，出现急剧恶化，金融危机开始。

敲重点！我来支招

1 如果遇到金融危机，我们要体谅爸爸妈妈，协助他们尽量节省开支，避免过度消费和债务负担。

2 金融危机会致人失业。要尽量选择稳定的工作，并通过寻找副业、学习技能等增加收入来源。

3 金融危机发生时，我们要尽量劝阻家人，避免进行高风险的投资。

原来**国家**也会**破产**

　　趁着假期，小熙和爸爸去北欧小国冰岛玩。他们欣赏冰山时，爸爸给小熙讲了冰岛的基本状况，最后又补充说："别看冰岛现在这么富裕，在2008年的时候这个国家还破产了呢。"

　　小熙大吃一惊，说道："我只知道公司会破产，国家也会破产吗？"

　　爸爸说："当然了，而且破产的国家还不少呢。一定意义上来说，国家就是一个大公司。当一个国家出现较为严重的金融危机，其债务大于GDP，财政收入小于必要的外汇时，这个国家就会宣布破产。"

你必须要知道的!

1 国家破产，是指一个国家的主权债务大于其GDP，或者财政收入小于其所必需的外汇。今天世界上的一些国家就处于这个状态。

2 国家破产，主要会影响该国的诚信，使其在很长一段时间内难以获得新的贷款。

3 一个国家要摆脱破产状态，可以尽量减少所持有的外币，努力寻求外国贷款或国际货币基金组织的援助等。

国家破产 ≠ 国家消失

一个国家破产了，是不是就会从地球上消失呢？当然不会，实际上所谓的国家破产不过是一种形容，体现其经济形势的危急。破产之后，国家要努力寻找还贷的方式，填补巨大的国家债务窟窿，否则就会失去信用。

国家破产的**常见原因**

福利开支过度：以希腊为例，该国经济竞争力不强，却有着极其优越的福利制度，以至于不得不借债来维持福利。

外汇储备不足：例如，阿根廷的外汇一度只有外债的六分之一。

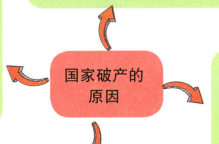

国家破产的原因

主权债务过重：以冰岛为例，该国危机爆发时，其金融业外债超过1300亿美元，而 GDP 还不足200亿美元。

国际金融危机：例如，冰岛金融危机就直接受到了美国"次贷"危机的冲击，导致该国三个最大的银行破产。冰岛政府无力偿还其债务，只得宣布国家破产。

敲重点！我来支招

① 未雨绸缪

国家破产，受影响最大的是银行业和金融体系。如果在破产的国家生活，居民的存款等金融服务就会受到影响。为了避免这种风险，需要提前把钱存在不同的银行里，避免被"一锅端"。

② 提高警惕

破产的国家社会不稳定问题和治安问题都比较突出，去这些国家时，一定要提高警惕，避免人身伤害和财产损失。

③ 全面了解

破产的国家政策具有不稳定性，去这些国家前一定要对其政策有一个较为全面的了解，以免遭受不必要的损失。

通货膨胀一定是坏事吗

这一天，多多和爷爷到小花园乘凉，爷爷说他年轻的时候100块钱可以买100多斤肉，现在却只能买五六斤肉。

多多很诧异，问道："爷爷，为什么物价差距这么大呀？"

爷爷说："应该就是通货膨胀导致的吧。"

多多说："通货膨胀真可怕！"

爷爷说："通货膨胀未必是坏事啊。那时候一般人的工资只有几十元，现在都变成几千元了。只要工资的涨幅能够超过物价的涨幅，人们的生活水平就不会降低。通货膨胀比较温和时，对经济发展可能还是一件好事呢。"

1 通货膨胀发生后,企业的利润会增加,这会刺激企业扩大投资,从而导致经济增长,被称为"人为的经济繁荣"。

2 通货膨胀发生后,人们手里的货币的购买力会下降,意味着实际收入降低,人们的生活日益贫困,资金积累会下降,时间一长经济增长率就必然会变得低下。

3 恶性通货膨胀发生后,正常的社会生产、经营都会受到恶劣影响,甚至难以为继。

认识 CPI

度量通货膨胀程度的指数有很多,最常用的就是 CPI,即消费者价格指数。CPI 是度量一组代表性消费品及服务项目价格水平随着时间而变动的相对数,能够反映出物价水平的变动情况。一般来说,某年的 CPI 增幅大于 3% 时,就是发生了通货膨胀。

通货膨胀的常见原因

需求拉动

货币的总需求大于总供给时，就会引起物价持续上涨。

成本推动

在没有超额需求时，工资水平不断提高，垄断行业拉动产品和服务价格升高，都可能导致通货膨胀。

通货膨胀

需求与成本共同作用

货币发行量过大会导致物价上升，物价上升又会引起工资上涨，形成通货膨胀。

结构因素

某些部门产品需求过多造成部分产品价格上涨、生产率增长水平有差异以及与国际市场的联系紧密程度不同等，都可能导致结构型通货膨胀。

敲重点！我来支招

我们可以通过生活中的一些迹象辨别通货膨胀：

1 物价飞升、生活成本提高，是通货膨胀最直观的表现。

2 如果爸爸妈妈的工资增长率远不及物价上涨的速度，那么很可能就出现了通货膨胀。

3 非生活必需品更容易受供求关系的影响，当其价格飞涨时，往往是通货膨胀的一个重要表现。

为何说通货紧缩是经济衰退的"幽灵"

进口香蕉　苹果　芒果

15元/500克　5元/500克

　　自从小齐开始学习理财知识，就常常吐槽"日新月异"的物价。这天，他在超市里指着标价牌对妈妈说："妈妈，如果物价能够减半，人们的生活水平会不会直接提升一倍啊？"

　　妈妈摇了摇头，说："那可不见得。物价突然持续、全面下降，很可能就是出现通货紧缩了。通货紧缩虽然不像通货膨胀那样让人印象深刻，但它也不是好惹的。"

　　小齐问："通货紧缩是坏事吗？"

　　妈妈回答："从短期来看，通货紧缩对民生有好处；从长期来看，它就是经济衰退的'幽灵'，反而会损害我们的利益。"

你必须要知道的！

1 发生通货紧缩后，物价水平持续下降，我们手中货币的购买力短时间内会提升，但是债务负担会加重。例如，对贷款购房的家庭来说，通货紧缩时房产的价值就会远低于承担的债务。

2 通货紧缩会加速经济衰退。因为物价普遍下跌，企业的利润就会急剧减少乃至亏损，企业很容易失去生产积极性，选择减少生产乃至停产，于是经济增长自然陷入停滞，使众多劳动者失业。

　　通货紧缩肆虐时，企业只能选择裁员、减产，甚至会破产倒闭。失业人群扩大后，人们越发捂紧自己的钱包，不敢消费，企业也不敢大笔投资，产品的生产、销售也就越发艰难，只能进一步降价、裁员，引发更多的失业、更低的消费……恶性循环就这样形成了。

通货紧缩的常见原因

通货紧缩

- 紧缩性货币政策

  如果一个国家为了实现经济目标而实行紧缩性货币政策，降低货币供应量，就可能引起通货紧缩。

- 需求不足

  经济形势不佳时，投资和消费需求都会减少，导致物价下跌。

- 生产力过剩

  经济高度繁荣时，生产力就容易过剩，商品供过于求，物价也会持续下跌。

- 汇率制度影响

  如果一个国家高估了本国货币，可能会导致出口下降，国内产品过剩，物价就会持续下跌。

敲重点！我来支招

1 发生通货紧缩，我们要协助爸爸妈妈用审慎的态度来理财，尽量避免高风险的投资，减少新的负债。

2 通货紧缩发生时，企业为了缩减成本，会出现减产、裁员的情况。我们现在努力学习知识和技能，有助于以后在通货紧缩时保住工作或快速找到新工作。

3 通货紧缩发生时，我们要调整消费观念，尽量避免过度消费和超前消费，增加储蓄。

你知道什么是"基尼系数"吗

景景通过网络查询,得知世界上贫富差距之大令人触目惊心。

景景好奇地问爸爸:"爸爸,一个国家贫富差距大不大,是怎么衡量的呢?"

爸爸说:"衡量贫富差距的指数还是很多的,其中最著名的要数基尼系数了。"

景景说:"基尼系数?这个名字好怪啊,这是一种什么系数?"

爸爸说:"这是意大利统计学家基尼提出的。人们的收入差距大时,基尼系数就高;差距小时,基尼系数就低。"

你必须要知道的！

1 国际上一般用基尼系数来测量居民收入分配的差异程度，最大为1，最小为0。0指所有收入完全平均，1指所有收入被一个单位的人完全占有，这两种情况都是不存在的。

2 当基尼系数低于0.2时，表示收入过于平均，侧面体现出社会发展动力不足；0.4是社会分配不平均的警戒线，超过这个数值太多，社会就容易动荡。

3 一般发达国家的基尼系数在0.24~0.36之间，发展中国家的基尼系数通常比发达国家高。

基尼系数有局限性

基尼系数无法显示哪里存在分配不公，各国也没有制定基尼系数的统一准则，因此基尼系数有较为明显的局限性。所以，人们通常综合多种指数来反映一个国家的财富及居民的生活水平。

著名的金融学名词

名称	简介
GDP	即国内生产总值，通常由消费、私人投资、政府支出和净出口额组成。GDP 是衡量一个国家总体经济状况的最重要的指标，保持 GDP 增长是国家规划的重要任务。
GNP	GNP 是国民生产总值的简称，是一个国家常住单位在一定时期内生产的最终产品的价值总和。比起 GDP，GNP 更能真实地反映出一国国民的生活水平。
PPI	PPI 是生产者价格指数的简称，衡量的是产品出厂价格的变动趋势和变动程度，和 CPI 一样都是反映通货膨胀程度的重要指标。
恩格尔系数	恩格尔系数又称恩格尔定律，是食品支出总额占个人消费支出总额的比重。恩格尔系数越大，说明用于食品支出所占的金额越大，这个国家就越贫穷；随着国家日益富裕，这个比例会呈下降趋势。

敲重点！我来支招

1 社会贫富差距加大的一个重要因素就是教育的不均衡。影响未来收入的一个重要因素就是受教育程度，因此我们一定要刻苦学习。

2 普通人要打破社会壁垒，有一条"捷径"就是创新。能够提供创新的商品和服务，就能获得超额财富。

3 收入水平有限的家庭，要懂得量入为出、合理规划。

庞氏骗局是这样 "空手套白狼" 的

　　这一天，蒋叔叔来找小鹿的爸爸商量事情，小鹿也听了个七七八八：蒋叔叔有个朋友正在网上进行融资，声称几个月之内就可以获得 40% 的利息。蒋叔叔觉得这是一个赚大钱的机会，于是想叫上小鹿的爸爸一起参与，但小鹿的爸爸拒绝了，还劝蒋叔叔谨慎一些。

　　蒋叔叔走后，小鹿问爸爸为什么不参与。爸爸沉思之后说："这个利息高得有些异常了，有可能是'庞氏骗局'，所以我不参加。"

　　过了半年，小鹿听爸爸说，蒋叔叔一开始挣了一些钱，于是他就借来很多钱投了进去，结果全赔了。原来他的那个朋友资金链断了，就"跑路"了。小鹿十分佩服爸爸的远见。

你必须要知道的！

1 庞氏骗局是世界金融领域最著名、危害最大的骗局，全世界几乎时刻都在发生这种骗局，无数人被骗得倾家荡产。

2 庞氏骗局危害金融秩序和投资者的信心，也会影响金融稳定。

　　1919年，一个名叫查尔斯·庞兹的美国投机商人成立了一家空壳公司，许诺三个月内给投资者40%的利润回报。高额的回报吸引来一大批投资者，庞兹用新投资者的钱回馈给最初的投资者的方法，先后吸引了数万名投资者，这样他没花一分钱就获得了巨额财富。一年后，大量投资者因无法获得回报而报警，庞兹银铛入狱，该骗局因此被命名为"庞氏骗局"。

庞氏骗局的**特征**

骗局	特征	分析
"低风险，高回报"	反投资规律	为了吸引投资者，庞氏骗局不顾风险与收益成正比的铁律，以较高的回报率吸引投资者，却从不强调风险因素。
拆东墙，补西墙	资金腾挪回补	老客户是"活广告"，对他们的投资回报要靠新客户的钱来实现。
"专家形象"	渲染投资神秘性	骗子会努力将自己塑造成"专家""天才"，宣扬神秘性以吸引投资者，也可减少外界质疑。
反周期性	似乎不受投资周期影响	骗子宣称自己的投资项目永远是稳赚不赔的，不会受投资周期、气候、地理等的影响。
金字塔结构	通过不断发展下线吸引投资者	庞氏骗局为了吸引更多的投资者，会要求投资者发展下线，滚雪球一样形成金字塔的结构。

敲重点！我来支招

1 我们长大后，很可能会与庞氏骗局"狭路相逢"，只要我们坚信风险和收益是成正比的，不相信有什么高回报、低风险甚至无风险的投资产品存在，就不会被骗。

2 庞氏骗局的制造者往往并没有实质性的投资产品。我们在未来进行投资时，不仅要关注收益和风险，还要认真去了解一下投资的产品到底是什么，这样就不会轻易上当。